网络信息安全人才培养校企合作系列教材

计算机组装与维护

朱艳梅　主编

电子工业出版社.

Publishing House of Electronics Industry

北京·BEIJING

内 容 简 介

本书以项目为教学单元来组织内容，以通俗易懂的语言、实际工作任务为导向，向学生展现计算机组装与维护的各项实际应用。本书针对中职学生的学习特点编写，不刻意追求专业知识的深入研究，而是力求简单、通俗、易懂、易于自学。本书分为 11 个项目，共计 29 个任务，具体内容包括计算机组装概述、CPU、主板、内存、硬盘、输入设备、BIOS 设置、操作系统安装、驱动程序安装、操作系统备份，以及计算机的日常维护等。学生通过对本书的学习与操作实践，可以掌握计算机组装与维护的各项基本技能。

本书可以作为普通中职院校及各类计算机维修（初级）班的教材，也可以作为计算机爱好者的自学用书。

图书在版编目（CIP）数据

计算机组装与维护 / 朱艳梅主编．—北京：电子工业出版社，2024.2
ISBN 978-7-121-47295-4

Ⅰ．①计… Ⅱ．①朱… Ⅲ．①电子计算机－组装②计算机维护 Ⅳ．① TP30

中国国家版本馆 CIP 数据核字（2024）第 039580 号

责任编辑：郑小燕
印　　刷：中国电影出版社印刷厂
装　　订：中国电影出版社印刷厂
出版发行：电子工业出版社
　　　　　北京市海淀区万寿路 173 信箱　　邮编：100036
开　　本：880×1230　1/16　　印张：13.5　　字数：294 千字
版　　次：2024 年 2 月第 1 版
印　　次：2024 年 2 月第 1 次印刷
定　　价：45.00 元

凡所购买电子工业出版社图书有缺损问题，请向购买书店调换。若书店售缺，请与本社发行部联系，联系及邮购电话：（010）88254888，88258888。

质量投诉请发邮件至 zlts@phei.com.cn，盗版侵权举报请发邮件至 dbqq@phei.com.cn。

本书咨询联系方式：（010）88254550，zhengxy@phei.com.cn。

前　言

本书依据计算机技术的最新发展与应用情况，以及职业院校计算机应用专业计算机组装与维护教学的基本要求编写。

近年来，随着计算机技术的高速发展，计算机在工作、生活中已不可缺少。然而，随着移动应用的普及，越来越多的整合计算机使得少数人认为学习计算机的组装与维护已无必要。事实上，在使用计算机时不可避免地需要安装系统、优化系统，偶尔还需要进行简单的维修，如更换损坏配件等。学习计算机组装与维护可以更好地理解计算机硬件与软件协同工作的细节。通过对本书的学习，学生能从实用角度出发了解计算机各配件的相关参数与性能、操作系统的安装、操作系统的维护以及计算机的日常维护保养等。

本书有以下特色。

突出实用原则，以实用为衡量尺度。本书以学生毕业后入职公司的桌面运维工程师岗位为背景，以完成桌面运维工程师日常工作为主线，避免传统教材知识库式的扩展和研究式的挖掘，一切从实际工作需求出发；以完成实际任务为目标，避免学科型、理论型教材模式。

紧密联系岗位需求。本书以实现桌面运维工程师日常工作任务来帮助学生学习该课程；突出任务驱动，减少学科型教材中大量技术参数方面的描述，使学生易于学习、乐于学习。

引入虚拟人物。本书通过学生毕业后入职公司的桌面运维工程师岗位的背景来构建学习情境，结合思政要求，融入职业素养，宣扬职业道德，弘扬具有新时代特征的工匠精神。

本书共分为 4 个部分，11 个项目共计 29 个任务。其中，第一部分与第二部分属于基础操作技能，主要讲解计算机的硬件识别与组装。第三部分是进阶技能，重点讲解操作系统与常用软件的安装。第四部分主要讲解计算机的日常维护。

由于编者水平有限，书中不妥与错误在所难免，请广大读者批评指正。如果发现问题，请您将问题发送至编者邮箱 93991665@qq.com。感谢您使用本书，祝您学习愉快！

目　录

第一部分
计算机基础

项目一
了解计算机

能力目标

☒ 能说出常用的家用计算机分类组成及各自的特点。

☒ 能说出计算机所需的各组成部件的名称。

素质目标

☒ 培养自主学习与解决问题的能力。

☒ 培养遇到问题能沉着冷静地解决问题的心理素养。

☒ 培养运用信息化手段查阅、检索工作资料的能力。

思政目标

☒ 深刻理解计算机核心部件技术的重要性，培养新时代强国更要强科技的爱国情怀。

☒ 进一步树立为中华民族伟大复兴而奋斗的信念。

任务 1 认识常用计算机

任务描述

宇浩从学校毕业后，入职了一家公司的桌面运维工程师岗位。桌面运维工程师的很重要的一部分工作内容就是熟练地为公司员工安装、配置、维护各类计算机系统。因此，在正式到公司任职之前，宇浩决定先自行在网上了解主流市场中计算机的发展情况。

任务分析

现在的资讯异常发达，利用互联网资源就可以足不出户而知天下。因此，信息的收集与查阅可以尽可能地利用各类网站实现。

任务实施

Step 1：利用互联网工具收集信息

打开浏览器，利用网络资讯收集相关信息。这些收集的信息刷新了宇浩对计算机的认知。

自从 1946 年第一台计算机问世以后，经历了电子管、晶体管、中小规模集成电路和大规模／超大规模集成电路 4 个发展阶段。现在的计算机已经作为企业办公与家庭生活的必备用品，和人们的生活紧密地联系在一起。宇浩一直以为计算机就是笔记本电脑、台式机。经过详细地查阅才知道，原来计算机有不同的划分标准，包含许多类别。

因此，想要真正地了解、熟知日常生活中的各类计算机，还需要通过不同的标准来进行区分。

Step 2：按产品外形区分计算机

按产品外形来区分，计算机主要分为台式机、笔记本电脑、平板电脑与一体机。

一、台式机

台式机也称台式计算机，如图 1-1 所示。台式机的体型一般比较大，从外观上看由独立主机箱、显示器、键盘、鼠标等组成。早期多数公司与家庭都是购置这种台式机。台式机一般具有以下特性。

图 1-1　台式机

- 散热性强：台式机一般有独立的主机箱。由于主机箱内部空间大，通风条件好，空气流通顺畅，因此散热效果要强于笔记本电脑与一体机。
- 扩展性强：台式机大多使用标准主板，各类插槽预留充足。同时主机箱内部预留了足够的硬盘、光驱的插槽位，非常方便日后的硬件升级与添置。
- 保护性强：台式机主机箱是由做工用料考究的钢板制成，静置在桌面或桌下，对内部的元器件保护较好。
- 维修方便：台式机内部空间大，各部件组织相对松散。相对于笔记本电脑、一体机、平板电脑而言易于拆装和维护。

二、笔记本电脑

笔记本电脑的英文名称为 Notebook，也称手提电脑或膝上型电脑，以下简称笔记本。

它是一种体积小、便于携带的计算机，通常重约 1 ～ 3kg，如图 1-2 所示。

图 1-2　笔记本电脑

依据笔记本的性能与用途，可以将笔记本分为商务本、多媒体应用本（影音娱乐本、游戏本）、时尚本、特殊用途本。

- 商务本：供商务人士使用的笔记本，普遍应用于移动办公领域。多数商务本的外观比较朴素大气，符合商务人士的身份。商务本注重安全性，不仅机身坚固，还能提供很好的硬盘保护和数据保密功能。大多数商务本的显卡功能和影音功能一般。

- 影音娱乐本：这类笔记本在游戏、影音等方面的画面效果和流畅度都比较突出，有较强的图形图像处理和多媒体应用能力，而且在多媒体应用方面大多拥有较为强劲的独立显卡与声卡，并有较大的屏幕。

- 游戏本：游戏本是从多媒体应用本市场中细分出来的产品，主推在游戏方面的性能。各家公司对这类笔记本并没有统一标准，只是依据游戏玩家的需求在显示、处理器性能、硬盘速度等多个方面进行强化，以达到与台式机相媲美的游戏性能。游戏本在经过部件强化后，游戏性能增强，但部件发热量大，对散热提出了更高的要求，而且整体的功耗较大，电池的续航能力不强。

- 时尚本：顾名思义，时尚本外观时尚，是一种功耗低、机身轻薄、便于携带的笔记本，如图 1-3 所示。时尚本便于携带，机身重量多数低于 1.5kg，适合经常出差或旅行的人群，但性能孱弱，多采用低压 CPU，只有集成显卡的配置，不适合游戏和娱乐。

图 1-3　时尚本

- 特殊用途本：这类笔记本通常服务于专业人士，可工作于酷暑严寒、低电压、高海拔、强辐射等极端恶劣的环境。由于增加了额外的保护措施，这类笔记本一般较笨重。

三、平板电脑

平板电脑（Tablet Personal Computer）是一款无须翻盖、没有键盘、功能完整的计算机，如图 1-4 所示。其组件与笔记本基本相同，以触摸屏作为基本的输入输出设备，允许用户通过触控笔、数字墨水或手指来进行操作，而无须传统的键盘和鼠标。一般来说，平板电脑具有以下特性。

图 1-4　平板电脑

- 便于移动：比笔记本的体积更小、重量更轻，可以随时转移，具有移动的灵活性。
- 功能强大：具有数字墨水和手写识别输入功能，以及强大的笔输入识别、语音识别和手势识别功能。
- 特有的操作系统：不仅具有普通操作系统的功能，普通计算机兼容的应用程序也可以在平板电脑上运行，并增加了手写输入功能。

同时，平板电脑存在以下缺点。

- 编程语言不能进行手写识别。
- 没有键盘，手写输入慢，一般只能达到 30 字 / 分钟，不适合大量的文字输入工作。

四、一体机

一体机是一台由整合主机后的显示器与鼠标、键盘组成的计算机，如图 1-5 所示。一体机的芯片是主板与显示器集成的结果，可以认为显示器就是一台计算机。因此，只要将键盘与鼠标连接到显示器上，就能使用计算机了。

图 1-5　一体机

一体机具有以下优点。

- 简约无线：可以用最简洁的方式完成连线，只需一根电源线就可以完成连接，减少了传统台式机与音箱、摄像头、网线、键盘、鼠标的连线。
- 节省空间：相比台式机而言，更节省空间。
- 超值整合：以同等的价位，整合了更多部件，集摄像头、无线网卡、音箱和耳麦等部件于一身。
- 节能环保：一体机更节能，耗电仅为传统台式机的 1/3，且电磁辐射也更小。
- 潮流外观：一体机简约、时尚的实体化设计，更符合现代人们节约家居空间和追求美观的理念。

同时，一体机存在以下缺点。

- 维护不方便：在进行维护时，需要拆开显示器才能检查。
- 使用寿命较短：硬件都集中在显示器上，散热较慢，元件在高温下容易老化。
- 实用性不强：多数配置不高，且空间狭促，不方便升级扩展。

Step 3：按售后服务区分计算机

按商品销售类型及售后服务来区分，计算机可以分为品牌机与组装机。

品牌机与组装机主要是指台式机，是台式机的一种销售类型。其中，品牌机是指有注册商标的整机，由专业的计算机生产公司将计算机配件组装好并进行整体的销售，可以提供技术支持及售后服务。组装机是经销商依据用户的要求选择配件后，由用户或第三方自行组装而成的计算机，具有较高的性价比。它们的特点及区别如下。

- 兼容性与稳定性：品牌机在出厂前都经过严格的测试，因此，其兼容性与稳定性都有保障。而组装机是从成百上千的配件库中抽选几样组装而成的，没有事先测试其兼容性与稳定性。因此，在兼容性与稳定性上，品牌机更有优势。
- 产品搭配灵活性：品牌机的配置遵循一般不轻易变动的原则。组装机可以针对用户某一方面的需求更换性能更突出的部件，在选择配件的角度上灵活性远大于品牌机。
- 价格：品牌机的价格一般包含正版软件的捆绑销售、售后服务费用。组装机的价格一般不包含正版软件，并且没有太多的售后服务费用。因此，在价格方面组装机占优势，性价比更高。
- 售后服务：品牌机一般提供 1 年上门、3 年质保服务，而组装机一般只提供大部件 1 年质保服务，不提供上门服务。

知识链接

1. 笔记本显示屏新技术

IPS（In-Plane Switching）是平面转换技术，是目前世界上最先进的液晶面板技术之一，已经被广泛应用于液晶显示器与手机屏幕等显示面板中。IPS 屏幕可以说是随着 iPhone 4 的热销而迅速走红的，相比于一般的显示屏幕，拥有更加清晰细腻的动态显示效果，视觉效果更为出众。IPS 硬屏笔记本具有稳定的屏幕、超强的广角、准确的色彩显示三大优势。

2. 性价比

性价比的全称是性能价格比，是一个性能与价格之间的比例关系，具体公式：性价比＝性能／价格。通常在购置计算机时引入性价比概念来衡量付出资金与购置机器的性能的比值。

作业布置

一、填空题

1. 第一台计算机诞生于 _____ 年。

2. 计算机的发展经历了电子管、晶体管、中小规模集成电路、_____ 4 个发展阶段。

3. IPS（In-Plane Switching）是 _____ 技术。

4. 性价比的全称是性能价格比，是一个 _____ 与 _____ 之间的比例关系，通常在购置计算机时引入性价比来衡量资金与性能的比值。

5. 一体机是将 _____ 与主机整合后，由鼠标、键盘组成的计算机。

二、选择题

1. 下面哪个不是台式机的特性？（   ）

   A．散热性强　　　　　　　　　B．扩展性强

   C．价格便宜　　　　　　　　　D．维修方便

2. 体积小、便于携带，通常重约 1 ～ 3kg，适合在更多专业场合中运用的计算机产品是（   ）。

   A．台式计算机　　　　　　　　B．笔记本电脑

   C．平板电脑　　　　　　　　　D．一体机

3．品牌机与组装机相比较，下面的哪一项不是品牌机的优点？（　　　）

A．品牌机出厂前经过严格的测试，相对而言更稳定

B．品牌机一般会捆绑正版软件销售，软件来源有保障

C．品牌机的产品搭配更灵活，用户可以按需要进行配件的更换

D．品牌机的售后服务有 1 年上门、3 年质保服务；而组装机一般只提供大部件 1 年质保服务，不提供上门服务

任务 2　熟悉计算机的组成

任务描述

在了解完计算机的主要分类后，宇浩决定深入研究计算机的组成，毕竟计算机是高科技产品，需要工程师掌握更多的知识。从外观上看，计算机的构造不尽相同，特别是台式机与笔记本中各种各样的接口。这些都需要进一步了解，才能为以后的工作打下更扎实的基础。

任务分析

- 了解微型计算机系统的组成。
- 了解台式机的硬件组成。

任务实施

Step 1：了解微型计算机系统的组成

微型计算机，简称微机。常用的个人计算机是微型计算机的一种。一个完整的微型计算机系统是由软件系统与硬件系统两部分组成的，如图 2-1 所示。

微型计算机系统由软件与硬件组成，其中软件又可以分为系统软件与应用软件两大类。

一、系统软件

系统软件是管理、监控和维护计算机资源（包括硬件和软件）的软件。广义的系统软件包括操作系统、编译程序、汇编程序和数据库软件等。狭义的系统软件更多的是指操作系统，操作系统的功能是管理计算机的全部硬件和软件。用户所说的系统软件一般是狭义上的操作系统软件。

常见的国外的操作系统有 UNIX、Linux、Windows、macOS 等。这些操作系统各有不同的应用领域，如图 2-2、图 2-3 所示。

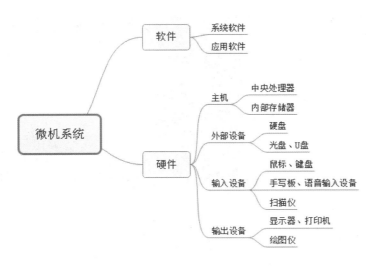

图 2-1　微型计算机系统的组成

图 2-2　Windows 操作系统

图 2-3　macOS

国产操作系统，顾名思义就是完全由我国自主研发的操作系统，比如鸿蒙系统（HarmonyOS）、深度 Deepin、银河麒麟等都是比较常见的国产操作系统。目前的国产操作系统，以中标麒麟、银河麒麟、深度 Deepin、鸿蒙为代表，带领国内操作系统领域快速发展，在市场中的话语权和占有率不断提高，而鸿蒙更是在 5G 时代的 IOT 领域中占据了很大的优势。随着我国对国产操作系统的重视程度日益提高，国产操作系统的应用前景十分广阔。

中标麒麟操作系统采用强化的 Linux 内核，分为桌面版、通用版、高级版和安全版等，可以满足不同用户的要求，已经被广泛地应用在能源、金融、交通、政府、央企等行业和组织中，如图 2-4 所示。中标麒麟增强安全操作系统采用银河麒麟 KACF 强制访问控制框架和 RBA 角色权限管理机制，支持以模块化方式实现安全策略，可以提供多种访问控制策略的统一平台，是一款真正超越"多权分立"的 B2 级结构化保护操作系统。中标麒麟安全操作系统符合 Posix 系列标准，兼容联想、浪潮、曙光等公司的服务器硬件产品，兼容达梦数据库、人大金仓数据库、上容数据库（SRDB）、Oracle 9i/10g/11g 和 Oracle 9i/10g/11g/RAC 数据库、IBM WebSphere、DB2 UDB 数据库、MQ、BEA WebLogic、BakBone 等系统软件。

图 2-4 中标麒麟操作系统

中标麒麟操作系统主要有桌面操作系统与高级服务器操作系统。

中标麒麟桌面操作系统是一款面向桌面应用的图形化桌面操作系统，中标软件有限公司通过自主研发率先实现了对 X86 及龙芯、申威、众志、飞腾等国产 CPU 平台的支持，提供性能最优的操作系统。通过进一步对硬件外设的适配支持、对桌面应用的移植优化和对应用场景解决方案的构建，从而完全满足项目支撑、应用开发和系统定制的需求。中标麒麟桌面操作系统针对 X86 及上述国产 CPU 平台，完成了硬件适配、软件移植、功能定制和性能优化，可以运行在台式机、笔记本、一体机、车载机等不同形态的产品中，被应用于国防、政府、企业、电力、金融等领域和组织中。

中标麒麟高级服务器操作系统既是中标软件有限公司依照 CMMI5 标准研发、发行的国产 Linux 操作系统，也是针对关键业务及数据负载构建的高可靠、易管理、一站式 Linux 操作系统。中标麒麟高级服务器操作系统提供中文的操作系统环境和常用图形管理工具；支持多种安装方式，提供完善的文件系统支持、系统服务和网络服务；集成丰富易用的编译器，支持众多的开发语言；全面兼容国内外的软硬件厂商，同时在安全性上进行加强，保障关键应用安全、可控、稳定地对外提供服务。基于中标麒麟高级服务器操作系统，用户可以轻松构建大型数据中心、高可用集群和负载均衡集群、虚拟化应用服务、分布式文件系统等，同时方便地进行集中监控和管理。经过多年的产品研发积累和市场拓展，中标麒麟高级服务器操作系统已经成长为国内 Linux 操作系统的第一品牌。

鸿蒙系统是华为公司开发的一款基于微内核、面向 5G 物联网、面向全场景的分布式操作系统，如图 2-5 所示，耗时 10 年，4000 多名研发人员投入开发。鸿蒙的英文是 Harmony，意为"和谐"。鸿蒙系统不是安卓系统的分支或由其修改而来的，与安卓、iOS 是不一样的操作系统，且在性能上不弱于安卓系统。鸿蒙系统将打通手机、计算机、平板电脑、电视、工业自动化控制、无人驾驶、车机设备、智能穿戴等设备和领域，并且面向下一代技术，能兼容安卓应用中的所有 Web 应用。若在鸿蒙系统上重新编译安卓应用，则其运行性能会提升超过 60%。鸿蒙系统架构中的内核会把 Linux 内核、鸿蒙系统微内核与 LiteOS 合并为一个鸿蒙系统微内核，从而创造一个超级虚拟终端互联的世界，将人、设备、场景有机联系在一起。同时由于鸿蒙系统微内核的代码量只有 Linux 宏内核的千分之一，因此其受攻击的概率也会大幅降低。这是分布式架构首次被用于终端操作系统，实现跨终端无缝协同体验，同时应用了确定时延引擎和高性能 IPC 技术，实现系统天生流畅。

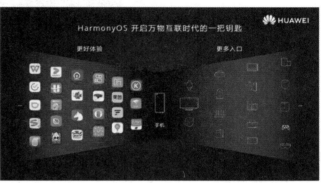

图 2-5　鸿蒙系统

　　国产操作系统发展多年来，不断探索与创新，在安全性与便捷性上都取得了长足的进步。在国产化进程的安全领域中，国产操作系统通过内核管控、数据完整性检测、数据保护等一系列的安全技术大大加强了操作系统的安全性。我国已经成为全球信息电子制造大国，目前处在技术高速变革的时期。我们将秉承融合、安全与智能的方向，通过持续不断的探索，为用户提供更加安全、智能、友好的人机交互连接技术，让技术和场景完美地结合，让国产操作系统的未来具有更多可能性，让中国在信息技术的核心领域中建立非对称优势，崛起未来，贡献世界。

二、应用软件

　　应用软件是指系统软件之外的所有软件，是用户为解决各种实际问题而利用计算机及其系统软件编制的计算机程序。由于计算机现在已经渗透到了各行各业，因此，应用软件也是多种多样的。应用软件主要用于在各个具体领域中为用户提供辅助功能，这是绝大多数用户在学习、使用计算机时最感兴趣的内容。由于计算机应用的日益普及，应用软件的内容越来越广泛，涉及社会的许多领域，很难进行概括和精准的分类。

Step 2：了解台式机的硬件组成

　　典型的台式机硬件系统主要由显示器、键盘、鼠标与主机箱等部件构成，而主机箱内部又由主板、CPU、硬盘、光驱、内存、显卡、声卡、网卡等部件组成，其外观如图 2-6 所示。

图 2-6　台式机外观

一、主机箱

主机箱包含计算机的各个重要部件,如主板、电源、硬盘、CPU、内存等,这些部件都被有序、紧密地固定在主机箱内。主机箱的外观和内部构造如图 2-7、图 2-8 所示。

图 2-7　主机箱外观

图 2-8　主机箱内部结构

在了解完主机箱内部结构后,下面简单介绍主机箱内的各个部件。

1. 主板

主板也称主机板、母板、系统板,如图 2-9 所示。它是一块多层印制的电路板,按大小可以分为标准板、Micro 板和 ITX 板等。由于 CPU、内存、显卡、声卡、网卡等部件都需要安装在主板上,因此主板是微型计算机中最重要的部件之一。

2. CPU

CPU 是中央处理器的简称,如图 2-10 所示。CPU 负责整个计算机的运算与控制,它是计算机的大脑,决定着计算机的主要性能和运算速度。

图 2-9 主板

图 2-10 CPU

3. 内存

内存是计算机的主存储器，如图 2-11 所示，可以临时存储开机时所需的数据。一旦关机，内存中的数据将随供电的中断而消失。内存是 CPU 处理数据与硬盘之间交换数据的中转站，其容量和存取速度直接影响 CPU 处理数据的速度。

4. 电源

电源是安装在主机箱内的一个独立部件，为整个台式机提供所需的电力，如图 2-12 所示。目前台式机的标准电源是 ATX 电源，功率从 300W 至 900W 不等。

图 2-11 内存

图 2-12 电源

5. 显卡

显卡又被称为显示适配器或图形加速器，如图 2-13 所示。显卡的功能主要是将计算机中的数字信号转换成显示器能识别的信号，并将其处理和输出，同时分担 CPU 图形处理的工作。由于显卡散热量较大，因此显卡外层往往都覆盖有散热金属片，并安装有散热风扇。

6. 硬盘

硬盘是微型计算机系统里最主要的外存设备，是硬件系统最重要的组成部分，通过主板的硬盘适配器与主板连接，如图 2-14 所示。

图 2-13　显卡

图 2-14　硬盘

7．光盘驱动器

　　光盘驱动器也是微型计算机中重要的外存设备，如图 2-15、图 2-16 所示。光盘的存储容量很大。现在的光驱有些是只读光驱（DVD Rom），有些是可读 / 写光驱（DVD RW）。光盘驱动器从安装方式上可以分为内置光盘驱动器与外置光盘驱动器。现在市场上常见的光盘存储介质除了 DVD 还有蓝光光盘。

图 2-15　内置光盘驱动器

图 2-16　外置光盘驱动器

8．系统扩展卡

　　系统扩展卡主要是指网卡、声卡等设备，如图 2-17、图 2-18 所示。网卡是用来进行网络连接的设备，按连线方式可以分为有线网卡与无线网卡。

　　声卡如图 2-19 所示，其基本功能是把来自话筒、磁带、光盘的原始声音信号加以转换并输出到耳机、扬声器、扩音机、录音机等音响设备中，或通过音乐设备数字接口（MIDI）使乐器发出美妙的声音。

　　目前大多数的家用计算机主板上已经集成了声卡与网卡。部分主板上集成了网卡、声卡、显卡三个部件，也是常说的三卡集成主板。

图 2-17　有线网卡（内置）　　　图 2-18　无线网卡（USB 接口）　　　图 2-19　声卡

二、显示器

显示器是主要的输出设备，如图 2-20 所示。它的作用是将显卡输出的信号（模拟信号或数字信号）以肉眼可见的形式表现出来。目前主要的显示器类型是液晶显示器（LCD）。

三、键盘与鼠标

键盘是计算机最重要的输入设备，如图 2-21 所示。用户可以将各种命令、程序和数据通过键盘输入计算机。键盘按接口划分主要有 USB 接口和 PS/2 接口，按连接方式划分为有线键盘与无线键盘。

图 2-20　显示器

鼠标是在进行计算机界面操作时必不可少的输入设备，如图 2-22 所示。鼠标是一种屏幕标定装置，不能直接输入字符和数字。在图形处理软件的支持下，在屏幕上使用鼠标处理图形要比使用键盘方便得多。鼠标按接口划分主要有 USB 接口和 PS/2 接口，按连接方式划分为有线鼠标与无线鼠标。

图 2-21　键盘　　　　　　　　　　　图 2-22　鼠标

四、周边设备

周边设备对于台式机属于可选设备，即使不安装这些设备也不会影响计算机的正常工作，但安装和连接这些设备将提升计算机某些方面的能力。计算机的周边设备都是通过主机上的接口（主板或主机箱上面的接口）连接到计算机上的。常见的周边设备如下。

1. 音箱

音箱在计算机音频输出设备中的作用类似于喇叭，可以直接连接到声卡的音频输出接口上，将声卡传输的信号输出为人们可以听到的声音。注意，音箱是音响系统的终端，只负责声音的输出，而音响通常是指声音产生和输出的一整套系统，音箱是音响的一个部分。

2. 打印机

打印机的主要功能是文字和图像的打印输出，它是一种负责输出的周边设备。

3. 扫描仪

扫描仪的主要功能是文字和图像的输入，它是一种负责输入的周边设备。

4. 投影仪

投影仪又被称为投影机，是一种可以将图像或视频投射到幕布上的设备，可以通过专业的接口与计算机相连并播放相应的视频信号。它也是一种负责输出的计算机周边设备。

5. 数码摄像头

数码摄像头也是一种常见的周边设备，其主要功能是为计算机提供实时的视频图像，实现视频信息交流。

知识链接

1. Windows 操作系统

Windows 操作系统问世于 1985 年，起初只是 Microsoft-DOS 模拟环境，经过后续系统版本不断的更新升级，由于易用的特性慢慢成为人们最喜爱的操作系统。Windows 操作系统包括最初的 Windows 1.0 和大家熟知的 Windows 95、Windows 98、Windows ME、Windows 2000、Windows 2003、Windows XP、Windows Vista、Windows 7、Windows 8、Windows 8.1、Windows 10。目前 Windows 7 已经逐步被 Windows 10 取代，而 Windows 8.1 的发布未能满足用户对于新一代 Windows 操作系统的期待。因此，Windows 10 系列目前是市场主流操作系统之一，占有较大份额。

2. macOS

macOS 是一套运行于苹果 Mac 系列电脑中的操作系统，不能在普通的计算机中安装。macOS 是首个在商用领域取得成功的图形用户界面操作系统。macOS 是基于 UNIX 内核的图形化操作系统，由苹果公司自主开发。苹果机的操作系统已经更新至 macOS 14。

macOS 的定位是专业用户，Windows 操作系统的定位是普通用户，两者的市场定位不同。由于 macOS 跟 UNIX 操作系统有直接的"血缘关系"，所以在实际使用习惯上跟 Windows 操作系统有很大的差异，比如程序管理、注册表管理、操作习惯。总体来说，macOS 使用起来需要更多的基础知识，在其安装过程中就可见一斑，而 Windows 操作系统完全是大众化的。

作业布置

一、填空题

1．微型计算机系统是由 ＿＿＿＿＿ 和硬件系统两部分组成的。

2．常见的操作系统有 UNIX、Linux、＿＿＿＿＿＿、macOS 等，这些操作系统都有各自不同的应用领域。

3．CPU 是中央处理器的简称，负责整个计算机的运算与 ＿＿＿＿＿。

4．Windows 是微软公司研发的一套操作系统，目前流行的操作系统是 ＿＿＿＿＿。

5．＿＿＿＿＿＿ 是一套免费使用和自由传播的类 UNIX 操作系统。

二、选择题

1．下面的操作系统中，哪个是微软公司的操作系统产品？（　　　）

A．macOS　　　　B．Windows 10　　　　C．CentOS　　　　D．Ubuntu

2．以下计算机组件中属于输入设备的是（　　　）。

A．显示器　　　B．打印机　　　C．音箱　　　D．键盘与鼠标

3．以下哪个不是计算机的重要部件？（　　　）

A．主板与 CPU　　B．光盘驱动器　　C．硬盘　　　D．内存

项目二
认识与选购计算机硬件

能力目标

☞ 能说出选购 CPU、主板、内存、硬盘、显卡、显示器及机箱电源的相关参数及选购要点。

☞ 充分考虑组件性价比等因素，能依据需求选购适合的组件。

素质目标

☞ 培养查阅资料的能力。

☞ 培养统筹兼顾的大局观。

☞ 培养团队协作的能力。

思政目标

☞ 培养新时代强国更要强科技的爱国情怀。

☞ 进一步树立为中华民族伟大复兴而奋斗的信念。

任务 3　认识与选购 CPU

任务描述

　　配置一台高性能的计算机，首先要考虑的是 CPU。CPU 是计算机的核心部分，也是计算机系统中最高的执行单位，负责整个计算机系统指令的执行、计算、数据的传入与传出等。本任务的目标是配置一块符合自身需求的 CPU。

任务分析

　　首先需要明确计算机配置需求，如果用户是高端游戏玩家或者需要进行复杂的图形计算，则需要配置一块高端的 CPU；如果只是普通办公，如使用文字类软件或简单上网查阅新闻，则配置一块普通的 CPU 即可。

任务实施

Step 1：认识市场上主流的 CPU

CPU（Central Processing Unit）是中央处理器的简称，是计算机的指令中枢，也是计算机系统的最高执行单位。CPU 主要负责指令的执行，作为计算机系统的核心组件，在计算机系统中占有重要的地位，是影响计算机系统运算速度的重要因素，如图 3-1 所示。

CPU芯片

图 3-1　CPU

市场上主流的个人电脑（PC）CPU 的厂商是 Intel 公司与 AMD 公司。当然还有一些其他的芯片公司，如威盛（VIA）、龙芯（Loongson）、上海兆芯、上海申威等，其生产的芯片更多应用于特殊设备。神威蓝光超级计算机使用了 8704 块申威芯片，搭载神威睿思操作系统，实现了软件和硬件全部国产化。而基于 SW26010 构建的"神威·太湖之光"超级计算机自 2016 年 6 月已连续四次进入世界超级计算机 TOP 500 榜单，"神威·太湖之光"上的两项千万核心整机应用获得了 2016、2017 年度世界高性能计算应用领域最高奖——"戈登·贝尔"奖。

Step 2：认识 CPU 的主要性能参数

一、型号

1．Intel（英特尔）

Intel 公司近年来的家用主流 CPU 产品是酷睿（Core）i3、i5 和 i7，服务器系列产品则是至强 Xeon 系列。

2．AMD（超威）

AMD 目前的主流产品主要是速龙（Athlon）、速龙 II（Athlon II）、羿龙（Phenom）。

二、频率

CPU 的频率是指 CPU 的时钟频率，简单来说就是 CPU 运算时的工作频率（1 秒内发生的同步脉冲数)。CPU 的频率代表了 CPU 的实际运算速度,单位有 Hz、kHz、MHz、GHz。理论上,频率越高,CPU 在一个时钟周期内处理的指令数就越多,速度也就越快,性能也就越高。CPU 的实际频率与 CPU 的外频和倍频有关,其计算公式如下。

$$实际频率 = 外频 \times 倍频$$

1. 外频

外频是 CPU 与主板之间同步运行的速度,即 CPU 的基准频率。

2. 倍频

倍频是 CPU 频率与系统外频之间的差距参数,也称倍频系数。在相同外频的条件下,倍频越高,CPU 的频率就越高。

3. 睿频

睿频是一种智能提升 CPU 频率的技术,是指在启动一个进程后,处理器会自动加速到合适的频率,原来的运行速度会提升 10% ～ 20%,以保证进程流畅运行。假如某 CPU 的基本频率为 4.0GHz,但最大睿频可以达到 4.2GHz。Intel 的睿频技术叫作 TB(Turbo Boost),AMD 的睿频技术叫作 TC(Turbo Core)。

三、内核

CPU 的核心又称内核,是 CPU 最重要的部分。CPU 中心隆起的部分就是核心,由单晶硅制成,是以一定的工艺打造出来的。CPU 所有的计算、命令接收和数据处理都由核心完成,所以,核心的产品规格会显示 CPU 的性能高低。8 核 CPU 是具有 8 个核心的 CPU,能体现 CPU 性能且与核心相关的参数主要有以下 4 种。

1. 核心数量

过去的 CPU 只有一个核心,现在则有 2 个、3 个、4 个、6 个甚至 8 个核心,这归功于 CPU 多核心技术的发展。多核心是指一个基于单个半导体的 CPU 上拥有多个功能相同的处理器核心,即将多个物理处理器核心整合到一个核心中。但不是核心数量多的 CPU 的性能就高,多核心 CPU 的性能优势主要体现在多任务的并行处理上,即同一时间处理两个或多个任务,但这个优势需要软件优化才能体现出来。例如,如果某个软件支持多任务处理技术,则双核心 CPU(假设主频是 2.0GHz)在处理单个任务时,两个核心可以同时工作,这样的效率可以等同于一个 4.0GHz 主频的单核心 CPU 的效率。

2. 线程数

线程是 CPU 运行中程序的调度单位,通常说的多线程是指可以通过复制 CPU 上的结构状态,让同一个 CPU 上的多个线程同步执行并共享 CPU 的执行资源,从而最大限度地提高

CPU 的利用率。线程数越多，CPU 的性能越高。但需要注意的是，线程这个性能指标通常只用在 Intel 公司的 CPU 产品中，如 Intel 酷睿三代 i7 系列的 CPU 基本上都是 8 线程和 12 线程的。

3. 核心代号

核心代号也可以看成 CPU 的产品代号，即使是同一系列的 CPU，其核心代号也可能不同。比如，Intel 公司的 CPU 的核心代号有 Trinity、Sandy Bridge、Ivy Bridge、Haswell、Broadwell 和 Skylake 等，AMD 公司的 CPU 的核心代号有 Richland、Trinity、Zambezi 和 Llano 等。

4. 热设计功耗（TDP）

TDP 的英文全称是 Thermal Design Power，是指 CPU 的最终版本在满负荷（CPU 利用率为理论设计的 100%）状态下可能会达到的最高散热量。散热器必须保证在 TDP 值最大的时候，CPU 的温度仍然在设计范围之内。随着多核心技术的发展，在同样的核心数量下，TDP 越小，CPU 性能越好。目前的主流 CPU 的 TDP 值有 15W、35W、45W、55W、65W、77W、95W、100W 和 125W。

四、缓存

缓存是指可以进行高速数据交换的存储器，它先于内存与 CPU 进行数据交换，速度极快，所以又被称为高速缓存。缓存的结构和大小对 CPU 速度的影响非常大。CPU 缓存的运行频率极高，一般和处理器同频运作，工作效率远远大于系统内存和硬盘。

CPU 缓存一般分为 L1、L2 和 L3。当 CPU 要读取数据时，首先会从 L1 缓存中查找，若没有找到，则再从 L2 缓存中查找，若还是没有则从 L3 缓存或内存中查找。一般来说，每级缓存的命中率大概为 80%，也就是说全部数据量的 80% 都可以在一级缓存中找到，由此可见 L1 缓存是整个 CPU 缓存架构中最重要的部分。

1. L1 缓存

L1 缓存也叫作一级缓存，位于 CPU 内核的旁边，是与 CPU 结合最为紧密的 CPU 缓存，也是最早出现的 CPU 缓存。由于 L1 缓存的技术难度和制造成本最高，提高容量的技术难度和成本非常大，所带来的性能提升却不明显，性价比很低，因此 L1 缓存是所有缓存中容量最小的。

2. L2 缓存

L2 缓存也叫作二级缓存，主要用来存放计算机运行时操作系统的指令、程序数据和地址指针等数据。L2 缓存容量越大，CPU 的速度越快，因此 Intel 公司与 AMD 公司都尽最大可能加大 L2 缓存的容量，并使其与 CPU 在相同频率下工作。

3. L3 缓存

L3 缓存也叫作三级缓存，分为早期的外置和现在的内置。L3 缓存的实际作用是进一步降低内存延迟，同时提升大数据量计算时处理器的性能。降低内存延迟和提升大数据量计算能力对运行大型场景文件很有帮助。

在理论上，3 种缓存对于 CPU 性能的影响是 L1>L2>L3，但由于 L1 缓存的容量在现有技术条件下已经无法增加，所以 L2 和 L3 缓存才是 CPU 性能表现的关键。在 CPU 核心数量不变化的情况下，增加 L2 或 L3 缓存的容量能使 CPU 性能大幅度提高。在选购 CPU 时标注的高速缓存，通常是指该 CPU 具有的最高级缓存的容量，如具有 L3 缓存的 CPU，其标注的高速缓存就是 L3 缓存的容量。

五、处理器显卡

处理器显卡（也被称为核心显卡）技术是新一代的智能图形核心技术，它把显示芯片整合在智能 CPU 中，依托 CPU 强大的运算能力和智能能效调节设计，能够在更低功耗下实现同样出色的图形处理性能和流畅的应用体验。

在处理器中整合显卡，这种设计上的整合大大缩短了处理核心、图形核心、内存及内存控制器间的数据周转时间，有效提升了处理效能并大幅降低了芯片组的整体功耗，有助于缩小核心组件的尺寸。在通常情况下，Intel 的处理器显卡会在安装独立显卡时自动停止工作；如果是 AMD 公司的 APU，则在 Windows 7 及更高版本的操作系统中，当安装了合适型号的独立显卡时，对其进行设置可以实现处理器显卡与独立显卡混合交火（计算机进行自动分工，小事让能力小的处理器显卡处理，大事让能力大的独立显卡处理）。目前 Intel 公司的各种系统的 CPU 和 AMD 公司的 APU 系列中都有整合了处理器显卡的产品。

六、接口类型

CPU 只有通过某个接口与主板连接才能进行工作，经过多年的发展，CPU 采用的接口类型有引脚式、卡式、触点式、针脚式等。而目前 CPU 的接口类型都是针脚式接口，对应到主板上有相应的插槽类型。CPU 的接口类型不同，其插孔数、体积、形状都有不同，所以不能互相接入。目前常见的 CPU 接口类型分为 Intel 和 AMD 两个系列。

1. Intel

Intel 系列接口包括 LGA 2011-v3、LGA 2011、LGA 1151、LGA 1150、LGA 1155 等。

2. AMD

AMD 系列接口类型多为插针式，包括 Socket AM3+、Socket AM3、Socket FM2+、Socket FM2、Socket FM1 等。

七、内存控制器与虚拟化技术

内存控制器（Memory Controller）是计算机系统的重要组成部分，用于控制内存并使内存与 CPU 之间交换数据。虚拟化技术（Virtualization Technology，VT）是指将单个计算机软件环境分割为多个独立分区，每个分区均可以按照需要模拟计算机的一项技术。这两个因素都将影响 CPU 的工作性能。

1. 内存控制器

内存控制器决定计算机系统所能使用的最大内存容量、内存 BANK 数、内存类型和速度、内存颗粒数据深度和数据宽度等重要参数，决定计算机系统的内存性能，从而对计算机系统的整体性能产生较大影响。所以，CPU 的产品规格应该包括该 CPU 所支持的内存类型。

2. 虚拟化技术

虚拟化有传统的纯软件虚拟化方式（CPU 无须支持 VT 技术）和硬件辅助虚拟化方式（CPU 需要支持 VT 技术）两种。纯软件虚拟化方式在运行时的开销会造成系统运行速度较慢。所以，支持 VT 技术的 CPU 在基于虚拟化技术的应用中，效率会明显比不支持 VT 技术的 CPU 的效率高出许多。目前 CPU 产品的虚拟化技术主要有 Intel VT-x、Intel VT 和 AMD VT 3 种。

Step 3：CPU 选购时的注意事项

一、产品购置原则

在选购 CPU 时，不仅要从产品性能的角度来考虑问题，还要从用途和质保等方面来综合考虑，以下是 CPU 购置的性价比原则。

- 原则一：对于计算性能要求不高的用户，可以选择一些低端的 CPU 产品，如酷睿 i3 或 AMD 公司的速龙 II 系列。
- 原则二：对于在计算机性能上有一定要求的商业用户，可以选择酷睿 i5 或 AMD 公司的 4 核芯片。
- 原则三：对于发烧友、游戏玩家或需要高性能 CPU 完成工作任务的用户，可以选择酷睿 i7 及更高版本的 CPU 或者 AMD 公司的 8 核及以上的 CPU。

二、识别真伪

不同的 CPU 厂商对 CPU 的防伪技术各有不同，但基本上大同小异。下面对 Intel 公司和 AMD 公司的 CPU 产品真伪的验证方式进行介绍。

1. 验证 Intel CPU 的真伪

- 通过网站验证：访问 Intel 的产品验证网站进行验证，如图 3-2 所示。

图 3-2　通过网站验证 Intel CPU 的真伪

- 通过微信验证：通过微信查找公众号"英特尔客户支持"或添加微信号"IntelCusTomer Support"，通过自助服务中的"盒装处理器验证"或"扫描验证处理器"，扫描序列号条形码进行验证。

- 通过产品序列号验证：正品 CPU 的产品序列号通常打印在包装盒的产品标签上，该序列号应该与盒内保修卡中的序列号一致，如图 3-3 所示。

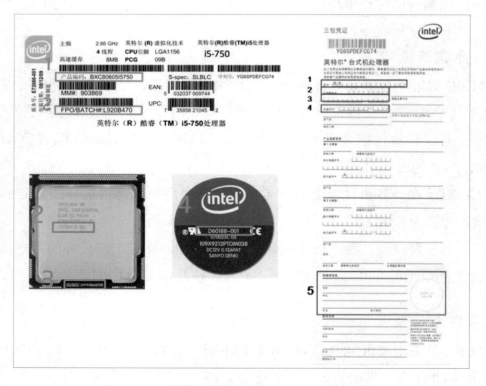

图 3-3　通过产品序列号验证 Intel CPU 的真伪

- 通过封口标签验证：正品 CPU 包装盒的封口标签仅在包装的一侧，标签为透明色，字体为白色且清晰，如图 3-4 所示。

图 3-4   通过封口标签验证 Intel CPU 的真伪

2. 验证 AMD CPU 的真伪

对于 AMD 公司生产的 CPU，验证真伪的方式有以下 3 种。

- 通过电话验证：通过拨打官方电话（400-898-5643）进行人工验证。
- 通过产品序列号验证：正品 CPU 的产品序列号通常打印在包装盒的原装封条上，该序列号应该与 CPU 参数面激光刻入的序列号一致。
- 通过网站验证：访问 AMD 的产品验证网站进行验证。

知识链接

Intel 公司是全球最大的个人计算机零件和 CPU 厂商，成立于 1968 年，截至 2023 年已具有五十多年产品创新和市场领导的历史。

随着个人计算机的普及，Intel 公司成为世界上最大的设计和生产半导体的科技公司，为全球计算机工业提供建筑模块，包括微处理器、芯片组、板卡、系统及软件等，是标准计算机架构的组成部分，业界利用这些产品为最终用户设计、制造出先进的计算机。Intel 公司致力于从客户机、服务器、网络通信、互联网解决方案和互联网服务方面为日益兴起的全球互联网经济提供建筑模块。

Intel 处理器的特点在于"宽动态执行"的功能。更为重要的是，其工作功耗比为奔腾 4 提供处理能力的 Netburst 架构要低。2008 年 11 月 17 日，Intel 公司发布 Core i7 处理器，基于全新 Nehalem 架构的下一代桌面处理器将沿用"Core"（酷睿）的名称，命名为"Intel Core i7"，至尊版系列的名称是"Intel Core i7 Extreme"，而同架构服务器处理器将继续沿用"Xeon"的名称。

　　Clarkdale 于 2009 年第四季度推出 LGA 1156 接口，拥有 LGA 1156 接口、双核心、四线程的 Intel 芯片是整个业界的第一款 32nm 工艺芯片，也是首个集成图形核心的处理器芯片。与之对应的移动版本 Arrandale 采用类似的架构，于 2010 年发布。

　　值得注意的是，Clarkdale 只有处理器部分采用的是 32nm 工艺，同一基片上的独立图形核心以及双通道 DDR3 内存控制器仍采用 45nm 工艺。

　　2010 年 3 月 30 日，Intel 公司宣布推出 Intel 至强处理器 7500 系列，该系列处理器可用于构建从双路到最高 256 路的服务器系统。

　　产品代号为"Westmere-EX"的处理器比之前的服务器芯片拥有更多的内核。Westmere-EX 处理器面向配置 4 个插座以上的服务器，能够同时运行 20 个线程。

　　2018 年 10 月 8 日，Intel 公司在秋季发布会上推出第九代酷睿处理器，沿用了第八代 Coffee Lake 芯片的 14nm++ 工艺。

　　2020 年 1 月，Intel 公司发布第十代酷睿 H 系列标压版，i7 / i9 双双超 5GHz。

作业布置

一、填空题

1. CPU 是计算机的核心部分，也是计算机系统中 ＿＿＿＿＿＿ 的执行单位。

2. CPU 是 ＿＿＿＿＿＿＿ 的简称，是计算机的指令中枢。

3. 市场上的个人计算机中使用最为普遍的 CPU 产品是 ＿＿＿＿＿ 和 ＿＿＿＿＿ 厂商的 CPU。

4. 目前，全球最大的半导体芯片制造商是 ＿＿＿＿＿＿。

5. CPU 运行中程序的调度单位是 ＿＿＿＿＿＿。

二、选择题

1. 下列哪项不是用来识别 CPU 的主要性能参数？（　　　）

　　A．缓存　　　　　B．频率　　　　　C．价格　　　　　D．内核

2. CPU 的缓存一般可以分为多级缓存，（　　　）不是 CPU 常规缓存。

　　A．L1 级缓存　　　　　　　　　B．L2 级缓存

　　C．L3 级缓存　　　　　　　　　D．L4 级缓存

3. 下列哪个 CPU 的接口类型不是 Intel 公司的 CPU 接口类型？（　　　）

　　A．Socket A 系列　　　　　　　B．LGA 2011

　　C．LGA 1150　　　　　　　　　D．LGA 1155

任务4　认识与选购主板

在了解了计算机的系统组成后，结合前面所学的知识可以知道，购买一台性价比高的计算机，首先要确认配置需求，认识与选购一款适合自己的CPU。在CPU已经选好的情况下，接下来着重考虑如何选择一款高性价比的主板。

任务分析

想要做好主板的选购，需要完成以下任务。
- 认识市场上主流的计算机主板产品。
- 认识计算机主板的主要接口及元器件。
- 选购适合自己的计算机主板。

任务实施

Step 1：认识市场上主流的计算机主板产品

目前市场上主流的主板厂商有华硕、微星科技、七彩虹、映泰等，占据了绝大部分的市场份额。

华硕的产品线完整覆盖了笔记本、主板、显卡、服务器、光存储、有线/无线网络通信产品、LCD、掌上电脑、智能手机等全线3C产品。华硕的品牌标识与主板分别如图4-1、图4-2所示。

图 4-1　华硕品牌标识　　　　　　　　图 4-2　华硕主板

　　微星科技（MSI Micro-Star International）成立于 1986 年 8 月，英文名称为 Micro-Star，是我国的计算机硬件厂商，其品牌标识和主板分别如图 4-3、图 4-4 所示。

图 4-3　微星科技品牌标识　　　　　　　　　　　图 4-4　微星科技主板

Step 2：认识计算机主板

一、主板简介

　　主板（MainBoard）也称母板（Mother Board）或系统板（System Board），它是计算机系统中最重要的一块电路板，是最基本也是最重要的部件之一，如图 4-5 所示。CPU、内存、显卡、鼠标、键盘、声卡、网卡等部件都需要通过主板来连接并协调工作。如果将 CPU 看作计算机的大脑，那么主板就是计算机的身躯。

图 4-5　主板

主板实际上就是一块电路板，上面安装了各式各样的电子零件并布满了大量电子线路，以及布置了具有各类插槽和接口的工作平台。只有通过这个平台，计算机的其他组件才能进行正常的工作。

二、主板规格

1. 物理规格

主板的物理规格是指主板的尺寸和各种电器元件的布局与排列方式，也称板型，目前主要有 ATX、M-ATX、E-ATX 和 Mini-ITX 这 4 种。

- ATX（标准型）：该板型是目前主流的主板板型，也称大板或标准板，尺寸为 305mm*244mm，特点是插槽比较多、扩展性强、价格适中，多为 DIY 组装机标准配板。
- M-ATX（紧凑型）：该板型是 ATX 主板的简化版本，多用于品牌机箱，尺寸由品牌机厂商定制，大小各有不同，特点是用料省，扩展槽较少，PCI 插槽数一般都在 3 个或 3 个以下，因此也称小板，在扩展时会带来许多不便。
- E-ATX（加强型）：该板型的尺寸为 305mm *330 mm，特点是可以支持两个以上的 CPU，多用于高性能的工作站或服务器，价格较高。
- Mini-ITX（迷你型）：该板型主要用于定制机型，如空间狭小、成本相对较低的机顶盒、定制机型等。此类主板一旦损坏，就很难找到同类产品或其他产品进行更换维修。

2. 芯片组

主板的芯片组（Chipset）是衡量主板性能的重要指标。芯片组可以说是主板的灵魂，它决定着主板的性能。评定主板的性能首先要看它选用什么样的芯片组，因为芯片组决定了主板使用什么样的外部频率、可以使用的内存大小、能对内存提供多大的缓存、支持 Cache 的数量、各种总线及输出模式等。

早期的芯片组一般分为南、北桥芯片。其中北桥芯片决定主板的规格、对硬件的支持及系统的性能，即主板支持什么规格的 CPU、内存、显卡，都是由北桥芯片决定的。南桥芯片主要负责主板的周边设备，以及主板上的各种接口（如串口、并口、USB 口、SATA 口、PCI 总线接口等）。

现代的主板趋向于高度集成化和功能单一化，许多主板已经开始将北桥芯片集成在 CPU 内部，并用南桥芯片最大限度地整合、管理主板外围功能。因此，今后的主板从外观上看将更多地看见南桥芯片而非北桥芯片。

芯片组通常包含以下几个选项。

- 芯片组厂商：目前主要是 Intel 公司和 AMD 公司。
- 芯片组型号：不同型号的芯片组，其价格也不同。目前芯片组型号中 Intel 公司的主要有 B360、Q370、H81、H310、Z390、H370、H110、Q270、Z370、H170、B250 等，AMD 公司的有 B450、X570、A320、X470、B350、A300、X370、X399、TRX40、X300、TRX80 等。

3. CPU 插座

CPU 插座主要为 Socket 系列，采用 ZIF （Zero Insert Force）标准，即零阻力插座。在插座旁边有一个杠杆，先拉起杠杆，CPU 的每一个针脚都可以轻松地插进插座的每一个孔位里，然后把杠杆压回原来的位置，就可以将 CPU 固定住，如图 4-6 所示。

目前 CPU 插座主要有适用于 Intel 公司 CPU 的 LGA 1366、LGA 1156、LGA 1155、LGA 2011，以及适用于 AMD 公司 CPU 的 Socket AM3、Socket AM2+、Socket AM2 及 Socket AM 等。

4. 内存插槽

内存插槽的作用是安装内存条，内存插槽的线数与内存引脚数是一一对应的，线数越多插槽越长。所谓的"线"其实是指内存条与主板上的内存插槽在插接时有多少个接点。当前主流的插槽为 240 线。当前主流的内存插槽类型为 DIMM（Dual Inline Memory Module，双列直插内存模块），可以配合使用 DDR3、DDR4 内存，如图 4-7 所示。

图 4-6　CPU 插座　　　　　　　　　图 4-7　内存插槽

5. SATA 接口插座

SATA（Serial ATA，串行 ATA）是一种完全不同于 IDE 的新型接口类型，如图 4-8 所示。SATA 仅用 4 支针脚就能完成数据传输工作，分别用于连接电缆、连接地线、发送数据、接收数据。SATA 1.0 定义的数据传输速率可达 150MB/s，而 SATA 2.0 定义的数据传输速率可达 300MB/s，目前普遍使用的 SATA 3.0 定义的数据传输速率可达 600MB/s。

图 4-8　SATA 接口插座

Step 3：计算机主板选购时的注意事项

一、考虑用途

选购主板的第一步是要考虑用户的实际用途，同时注意主板的扩展性和稳定性。例如，游戏发烧友或图像设计人员需要选择较大的内存与较好的显卡，此时应该选择一款高性能的主板做支撑；如果平常使用计算机主要用于文档编辑、编程设计、上网、看视频等，则对内存与显卡要求不高，可以从性价比的角度考虑选择一款中低端的主板。

二、注意扩展性

所谓扩展性就是通常说的能对计算机进行升级或增加部件的能力和空间，如增加内存、视频卡或更换速度更快的 CPU 等。因此，计算机主板上需要更多的插槽。此时，ATX 标准板会体现出比 M-ATX 及 Mini-ITX 型主板更好的扩展性。

三、对比性能指标

新型主板的价格及性能参数在网上是公开的，用户可以非常轻松地得到这些性能指标与价格。在选购时多看几款型号的主板，将价格、性能参数多做一些横向的比较，就能选出一块高性价比的主板。

四、鉴别真伪

对于在网上订购的产品，用户有时会遇上假冒产品或返修产品，下面介绍一些鉴别的方法。

- 芯片组：正品主板的芯片组标识清晰、整齐、印刷规范，而假冒主板有可能是由旧货打磨而成，字体模糊，甚至有歪斜现象。
- 电容：正品主板为了保证产品质量，一般都采用名牌的大容量电容，而假冒主板采用的多是杂牌的小容量电容。

- 产品标识：正品主板上的产品标识印刷清晰，而假冒主板没有产品标识或印刷模糊。
- 输入/输出接口：每个主板上都有输入/输出接口。正品主板上一般可以看到提供接口的厂商名称，而假冒的主板没有。
- 布线：正品主板上的布线都是经过专门设计的，一般比较均匀、美观，不会出现一个地方布线密集，另一个地方稀疏的情况，而一些假冒主板则布线凌乱。
- 焊接工艺：正品主板焊接到位，不会有虚焊或焊锡过于饱满的情况，贴片电容是机械自动焊接的，比较整齐，而假冒主板或返修过的主板则可能出现焊接不到位，贴片电容排列不整齐等情况。

知识链接

1. 双通道内存

双通道内存技术其实是一种内存控制和管理技术，依赖于芯片组的内存控制器发生作用。由于双通道体系的两个内存控制器是独立工作的，因此能够同时运作，使有效等待时间缩减50%，从而使内存带宽翻倍。双通道内存技术是CPU总线带宽与内存带宽传输数据的一种低价、高性能的解决方案。主板中的双通道内存插槽总是通过成对的颜色进行标识。因此，在使用双通道技术时，需要将两根以上的成对的内存条按颜色标识分别插在对应的插槽里，如图4-9所示。

图4-9　双通道内存

单通道内存系统具有一个64bit的内存控制器，而双通道内存系统则有两个64bit的内存控制器，在双通道模式下具有128bit的内存总线位宽。

随着Intel Core i7的发布，三通道内存技术应运而生，与双通道内存技术类似，三通道内存技术主要是为了提升内存与处理器之间的通信带宽。因此，三通道内存技术的内存总线位宽扩大到了192bit，如果同时采用DDR4 2400的内存条，则其内存总线带宽将达到 $2400\text{MHz} \times 192\text{bit} \div 8 = 57.6\text{GB/s}$，内存带宽得到了巨大的提升。三通道内存技术的理论性能也比同频率的双通道内存提升了50%以上。

目前已经有不少主板开始采用四通道内存技术了。

2. 多显卡技术

多显卡技术，简单地说就是让两块或者多块显卡协同工作，以提高系统的图形处理能力。要实现多显卡技术一般来说需要主板芯片组、显卡芯片及驱动程序三者的支持。多显卡技术的出现，是为了解决日益增长的图形处理需求和现有的显示芯片图形处理能力不足的矛盾。目前使用多显卡技术的主要是两大显卡厂商——NVIDIA 与 AMD。二者都可以在支持 PCI-Ex 16 插槽的主板上同时使用两块显卡，以增强系统图形处理能力，理论上可以将图形处理能力提高一倍。

3. USB 3.0/USB 3.2

USB 是英文 Universal Serial Bus（通用串行总线）的缩写，是一个外部总线标准，用于规范计算机与外部设备的连接和通信，是应用在个人计算机领域的接口技术。USB 作为一种高速串行总线，其极高的传输速度可以满足高速数据传输的应用环境要求，且具有供电简单（可总线供电）、安装配置便捷（支持即插即用和热插拔）、扩展端口简单（通过集线器最多可扩展 127 个外设）、传输方式多样化（4 种传输模式），以及兼容性良好（产品升级后向下兼容）等优点，现已发展到 USB 3.2 版本。

USB 标准主要经历了以下阶段。

- USB 1.1 支持低速率（Half Speed）1.5Mbps 和全速率（Full Speed）12Mbps。
- USB 2.0 支持高速率（High Speed）480Mbps。
- USB 3.0 支持超高速率（Super Speed）5Gbps。

4. 键盘、鼠标通用接口

以往的主板上的键盘接口是一个紫色的 PS/2 接口，鼠标则是一个绿色的 PS/2 接口。有些主板为了节省成本，会在主板的输入/输出接口上使用一个键盘与鼠标的通用接口。这种接口是一个一半是紫色一半是绿色的 PS/2 接口，既能插键盘，又能插鼠标，缺点是一次只能使用一个设备，如图 4-10 所示。

图 4-10　键盘、鼠标通用接口

作业布置

一、填空题

1. 主板也称 _____ 或系统板，是计算机系统中最重要的一块电路板，几乎所有的部件都要通过主板来连接并协调工作。

2. 在购买主板时，一般首先关注主板的 _____。它可以说是主板的灵魂，决定了主板的性能。

3. 两个内存控制器独立进行内存控制和管理的技术被称为 _____。

4. USB 是英文 _____（通用串行总线）的缩写。

5. 如果在许多主板的背面看到一个半紫半绿的通用接口，则该接口被称为 _____ 接口，表示既能插键盘，又能插鼠标。

二、选择题

1. 计算机主板的常用物理规格不包括（　　）。

   A．标准型 ATX   B．紧凑型 M-ATX

   C．加强型 E-ATX   D．巨大型 G-ATX

2. 目前许多计算机的主板都支持 SATA 3.0 接口，SATA 3.0 定义的数据传输速率可以达到（　　）。

   A．150MB/s   B．300MB/s

   C．600MB/s   D．1200MB/s

3. 时下流行的高性能主板上一般不会存在哪些插槽？（　　）

   A．SATA 插槽   B．内存插槽

   C．CPU 插槽   D．ISA 插槽

任务5　认识与选购内存

//////////　**任务描述**　//////////

流畅的程序运行体验是每一个计算机用户极力追求的。内存的大小会影响程序的运行速度。本任务的目标是为计算机选购合适的内存。

//////////　**任务分析**　//////////

内存是计算机的重要部件之一，是外存与 CPU 进行沟通的桥梁，计算机中所有的程序

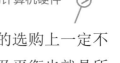

都在内存中运行，内存性能的强弱会影响计算机的整体水平。因此，在内存的选购上一定不能过分地节省相关费用，但无节制地花钱买大内存也是不可取的。这里面涉及平衡也就是所谓的性价比，同时还要考虑主板内存插槽数量限制等因素。

在选择内存时需要综合考虑的因素主要有品牌、类型、引脚数、容量、频率等。

任务实施

Step 1：了解市场上主流的内存厂商

目前市场上主要的内存厂商有金士顿（Kingston）、威刚（ADATA）、三星（Samsung）、芝奇（G.SKILL）、影驰、金邦、宇瞻等。下面简单介绍金士顿与威刚。

金士顿成立于 1987 年，其品牌标识如图 5-1 所示。

威刚成立于 2001 年 5 月，在快速成为全球第二大存储器厂商之后，仍以"永远只要第一"的努力精神，持续向着更高的市场地位与品牌价值迈进，其品牌标识如图 5-2 所示。

图 5-1　金士顿品牌标识　　　　　　　　　　图 5-2　威刚品牌标识

Step 2：了解内存的外观结构

DDR5 是一种较新的计算机内存规格，如图 5-3 所示。与 DDR4 内存相比，DDR5 的性能更强，功耗更低，电压从 1.2V 降低到 1.1V，同时使用每通道 32/40 位 ECC 技术、提高总线效率、预取的 Bank Group 数量增加以改善性能。与 DDR4 相比，改进的 DDR5 使实际带宽提高 36%，即以 3200MT/s 和 4800MT/s 的速度开始；与 DDR4-3200 相比，DDR5 的实际带宽预计高出 87%。与此同时，DDR5 最重要的特性之一是超过 16GB 的单片芯片密度。

图 5-3　DDR5

（1）芯片：内存条用来存放临时数据的重要部件。

（2）散热片：用来散热，以维持内存工作的温度，从而提高工作性能。

（3）金手指：内存与主板插槽的接触点，是用来进行数据交换的重要通道。

（4）卡槽：与主板上内存插槽中的塑料夹角配合使用，将内存固定在内存插槽中。

（5）定位缺口：与内存插槽中的防凸起设计配合使用，用于防止内存插反。

Step 3：了解内存的其他主要性能参数

一、内存的容量

内存是一种具有记忆功能的设备。它用两种稳定状态的物理器件来表示二进制数 0 和 1。这种物理器件被称为记忆元件或记忆单元。位（bit）是二进制数的基本单位，也是存储器存储信息的最小单位。8 位二进制数被称为一个字节（Byte），一个或者若干个字节组成一个字（Word）。

1. 位（bit）

位是二进制数的基本单位，也是存储器存储信息的最小单位，如十进制数中的 14 就可以用二进制数 1110 来表示，1110 中的一个 0 或是一个 1 就是一位。

2. 字节（Byte）

字节是由 8 位（bit）组成的，是微型计算机中最常用的单位。1 字节等于 8 位，即 1B=8bit。

3. 数量换算的约定

在涉及数量时，用的单位都是字节。数量级的计算与传统的十进制有所不同，使用 1024B=1KB 而非 1000B=1KB。这主要是因为计算机内部计数系统是二进制的，10 位二进制数是 2^{10}，即正好是 1024 的关系。

4. 内存单位的换算

现在内存的容量都非常大，一般以千字节、兆字节、吉字节或更大的单位来表示。常用的内存单位及其换算如下。

千字节（KB）：1KB=1024B

兆字节（MB）：1MB=1024K

吉字节（GB）：1GB=1024MB

太字节（TB）：1TB=1024GB

二、内存的频率

目前主流的内存为 DDR4 内存。内存的大小多为单条 8GB 或 16GB。在选购内存时会经常看到内存的主频参数。内存主频和 CPU 主频一样，用来表示内存的速度，代表该内存所能达到的最高工作频率。内存主频是以 MHz（兆赫）为单位来计量的。内存主频越高在一定程度上代表着内存所能达到的速度越快，内存主频决定该内存能够正常工作的最高频率。内存的频率可以分为等效主频与工作频率。

等效主频（主频）是内存正规名称中的频率，通常被用来表示内存的速度，代表该内存所能达到的最高工作频率。工作频率是指内存颗粒实际的工作频率，而内存颗粒是指内存条上的存储芯片。对内存而言，工作频率与主频是不一样的，对于 DDR 内存，主频 = 工作频率 ×2；对于 DDR2 内存，主频 = 工作频率 ×4；对于 DDR3 内存，主频 = 工作频率 ×8；对于 DDR4 内存，主频 = 工作频率 ×16。

三、其他参数

在比较高级的内存中会看到"ECC"（Error Checking and Correcting）标识，表示这个内存具备修正错误码的功能。它使得内存在传输数据的同时，在每笔数据上增加一个检查位元，以确保数据传输的正确性。若发生错误，则可以加以修正并继续传输，这样不至于因为错误而中断传输。

非奇偶校验内存中的每个字节只有 8 位，若它的某一位存储了错误的值，就会使其中存储的数据发生改变而导致应用程序发生错误，而奇偶校验（parity）内存在每 8 位之外额外增加了一位用作错误检测。奇偶校验检测到错误的地方，ECC 就可以对其进行纠正。

Step 4：内存选购时的注意事项

一、明确用途

在选购内存时一定要明确购置内存的目的与用途。如果只是做一些简单的文字处理或不需要进行大量数据处理的工作，则可以选购一些容量较小的内存。如果需要运行有高性能要求的游戏、处理图像软件或进行数据库操作，对内存的要求就比较高，那么此时推荐选购大容量内存。

二、品牌与厂商

不要把生产内存芯片的厂商与生产内存条的厂商搞混。目前一些小企业以生产内存芯片的厂商来命名内存，例如，将使用现代内存颗粒的内存称为现代内存。生产内存颗粒和芯片的厂商如三星、现代等的内存条都是质量上乘的产品，一些第三方厂商如金士顿等的产品质量也属上乘，值得选购。

三、识别真伪

在选购内存时要认清标识、鉴别质量，防止伪劣产品以次充好。仔细检查内存条的电路板印刷线路是否清晰整洁，有无毛刺现象等；金手指是否有经过拔插留下的痕迹，如果有则可能是二手内存。同时仔细检查内存颗粒的字迹是否清晰、有无质感，如果字迹不清晰，那么这种内存条有可能是打磨过的。最后还要注意内存颗粒上的编号及生产日期，如果是打磨过的内存或者以次充好的旧内存，那么内存颗粒上的生产日期会是较早的日期。

知识链接

1. 内存的由来

计算机诞生初期并不存在内存条的概念。最早的内存以磁芯的形式排列在线路上，磁芯与晶体管组成一个双稳态电路，作为 1bit 的存储器。每个 1bit 的存储器都有玉米粒大小，一间机房只有数百 KB 的容量。后来才出现了焊接在主板上的集成内存芯片，自此内存以内存芯片的形式为计算机的运算直接提供支持。

那时的内存芯片容量都特别小，最常见的是 256K×1bit、1M×4bit。虽然如此，但对那时的运算任务来说绰绰有余了。

这种内存芯片一直被沿用到 80286 芯片诞生的初期。鉴于它存在着无法拆卸和更换的弊病，这对计算机的发展造成了现实的阻碍，内存条应运而生。将内存芯片焊接到事先设计好的印刷线路板上，计算机主板上也改用内存插槽，这样就把内存难以安装和更换的问题彻底解决了。在 80286 芯片发布之前，内存没有被世人重视。这个时候的内存是直接固化在主板上的，容量只有 64KB ～ 256KB。对当时计算机上运行的工作程序来说，这种内存的性能以及容量足以满足处理需要。随着软件程序和新一代 80286 硬件平台的出现，程序和硬件对内存性能提出了更高的要求。为了提高计算速度并扩大容量，内存必须以独立的封装形式出现，因而诞生了"内存条"的概念。

2. 笔记本内存

DDR4 规格的内存条是目前较新的一种适用于六代酷睿 i 系列 CPU 的标准搭配（也可以搭配 DDR3L）。与 DDR3 相比，DDR4 的带宽更大、频率更高，二者性能相差明显。DDR3 的内存条频率一般为 1333MHz 和 1666MHz，DDR4 的内存条频率一般为 2133MHz。DDR3 的最大单条容量可达 64GB，而 DDR4 的最大单条容量为 128GB。

DDR4 内存的外观不同，如图 5-4 所示。内存条的金手指底部之前一直都是平直的，而 DDR4 内存的金手指变成了弯曲状，其中两头较短、中间较长，这样主要是为了更方便插拔。形状不同意味着 DDR4 不兼容 DDR3，如果需要从 DDR3 升级到 DDR4，则需要更换主板。

图 5-4　DDR4

作业布置

一、填空题

1. _____ 是外存与 CPU 进行沟通的桥梁，它的性能影响了计算机的整体水平。
2. 计算机近年的高速发展使得内存全面进入了 _____ 时代。
3. 目前主流型号的内存单条已达到 8GB 或 _____。
4. 在比较高级的内存上会看到 "ECC" 标识，表示这个内存具备 _____ 功能。
5. 常见的内存产品主要有台式机内存与 _____ 内存。

二、选择题

1. 下列哪个厂商不是主流的内存厂商？（　　　）
   A．金士顿　　　　B．西部数据　　　　C．三星　　　　D．威刚
2. 依据计算机数量换算关系，8GB 的内存可以转换为（　　　）MB。
   A．8192　　　　B．8194　　　　C．8196　　　　D．8198
3. 下列哪个内存规格不是目前笔记本使用的内存规格？（　　　）
   A．DDR2　　　　B．DDR3　　　　C．DDR4　　　　D．DDR5

任务 6　认识与选购硬盘

任务描述

在完成对主板及 CPU 等核心部件的了解与学习之后，接下来具体讲解计算机硬件系统中最重要的数据存储设备——硬盘。硬盘具有存储空间大、数据传输速度较快、安全系数较

高等特点，因此计算机运行的操作系统、应用程序、大量的数据都被保存在硬盘中。本任务的目标是为计算机选择一块合适的硬盘。

现在市场上的家用硬盘主要分为两种，即传统的机械硬盘与新兴的固态硬盘。平时我们常说的硬盘大多是指机械硬盘，在明确说固态硬盘时才是指具体的固态硬盘。

---------------- /////////// 任务分析 /////////// ----------------

想要购置一块适合台式机的硬盘，还需要回归开始时的话题，即购置一台具有什么用途的台式机。

传统硬盘所具有的优势是容量大，现在市场上家用级别的硬盘已经有 4TB 的容量，价格在 600 元左右，缺点是读写速度偏慢。固态硬盘的优点是速度快，但容量不大，目前已有 1TB 的固态硬盘，价格在 1000 元左右。

所以，硬盘的购置最后可以全部归为一个话题，即性价比，通俗的解释就是用合适的资金获取最佳的（硬件）性能。

======= 任务实施 =======

Step 1：了解机械硬盘的外观与内部结构

机械硬盘就是传统硬盘，主要由磁盘盘片、磁头、传动轴、主轴电机和外部接口等部分组成，其外形是一个矩形盒子。

一、外观

硬盘的外观非常简单，其正面一般是一张记录硬盘信息的标识，背面是硬盘工作的主控芯片及集成电路，如图 6-1 所示。其中，正面标识内容较丰富，可以看到上面清楚地标识了硬盘的生产厂商是西部数据（Western Digital），容量为 1TB，具有 SATA 接口，速率为 6GB/s。背面是硬盘的电源线和数据线的接口，都是"L"形接口，通常长一些的是电源线接口，短一些的是数据线接口。

图 6-1　硬盘的外观

二、内部结构

硬盘的内部结构比较复杂，主要由主轴电机、磁盘盘片、磁头和传动轴等部件组成，如图 6-2 所示。硬盘内部的磁盘上通常附有磁性物质，将盘片安装在主轴电机上，当硬盘开始转动时，主轴电机将带动盘片一起转动，盘片表面的磁头将在电路和传动轴的控制下进行移动，并将指定位置的数据读出来或存储到指定的位置上。

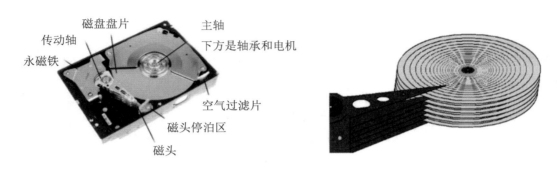

图 6-2　硬盘的内部结构

机械硬盘主要由磁盘盘片、磁头、主轴与传动轴等部件组成，数据被存放在磁盘盘片中。大家见过老式的留声机吗？留声机上使用的唱片和磁盘盘片非常相似，只不过留声机只有一个磁头，而机械硬盘是上下双磁头，磁盘盘片在两个磁头中间高速旋转，即机械硬盘是上下盘同时进行数据读取的。机械硬盘的转速远高于唱片的（目前机械硬盘的常见转速是7200r/min），所以机械硬盘在读取或写入数据时要避免晃动和磕碰。另外，因为机械硬盘的超高转速，如果内部有灰尘，则会造成磁头或盘片的损坏，所以机械硬盘内部是封闭的。如果不是在无尘环境下，则禁止拆开机械硬盘。

三、接口类型、转速、缓存大小

在选购硬盘时，除了考虑价格与容量因素，还有 3 个需要重点考察的性能指标，即接口类型、转速及缓存大小。

1. 接口类型

目前硬盘接口类型主要是 SATA，主流的 SATA 接口标准为 SATA 3.0，速率可达 600MB/s。

2. 转速

转速（Rotational Speed）是指硬盘内主轴电机的旋转速度，即磁盘盘片在一分钟内能达到的最大转数。转速是标示硬盘档次的重要参数之一，也是决定硬盘内部传输速率的关键因素之一，在很大程度上直接影响硬盘的速度。家用普通硬盘的转速一般为 7200r/min，高转速硬盘是现在台式机用户的首选。对于笔记本，5400r/min、7200r/min 的硬盘在市场中都可以见到，但装配 7200r/min 硬盘的笔记本价格要比普通的笔记本高出 300 元左右。

服务器对硬盘性能要求最高，服务器中使用的 SCSI 硬盘转速基本为 10000r/min，甚至是 15000r/min，性能远超家用产品。

3. 缓存大小

硬盘的缓存是为了缓解内存的高速读写与硬盘内部的低速读写不匹配的矛盾而临时设置的。

四、硬盘的容量偏差

在谈到硬盘的容量时，最容易混淆的概念是容量，产品标识上都是以二进制方式进行计算的，如下所示。

1EB = 1024PB	1PB = 1024TB	1TB = 1024GB
1GB = 1024MB	1MB = 1024KB	1KB = 1024B

在购置硬盘后，经过格式化并投入使用的容量可能比产品标识上宣称的容量少了许多，硬盘的容量越大这个偏差就越大。宣称 512GB 的硬盘只有 476GB，1TB 的硬盘只有 931GB，2TB 的硬盘只有 1.8TB（大约 1862GB），3TB 的硬盘只有 2.7TB（大约 2793GB），4TB 的硬盘只有 3.6TB（大约 3724GB），这是为什么呢？这并不是厂商或经销商以次充好欺骗消费者，而是厂商对容量的计算方法和操作系统对容量的计算方法不同造成的，不同单位的转换关系也是产生这种偏差的原因之一。硬盘厂商在计算容量时是以 1000 为一进制的，即每 1000 字节为 1KB，1000KB=1MB，1000MB=1GB，1000GB=1TB。此外，硬盘需要分区和格式化，操作系统之间存在着差异，加上安装操作系统时复制文件的行为，硬盘会被占用更多空间，所以在操作系统中显示的硬盘容量和产品标识上宣称的容量会存在差异，而硬盘的容量差值在 5% ~ 10% 都是正常的。

Step 2：了解固态硬盘的外观与内部结构

固态硬盘（Solid State Drivers，SSD）是用固态电子存储芯片阵列制成的硬盘，区别于机械硬盘由磁盘与磁头等机械部件构成。固态硬盘没有机械装置，全部是由电子芯片及电路板组成的。

一、外观

固态硬盘的体积比机械硬盘要小得多。常见的固态硬盘主要有两种，第一种是 2.5 英寸盘（1 英寸 =2.54cm），采用 SATA 3.0 接口，传输速率为 6GB/s，外观如图 6-3 所示。第二种是新一代的 M.2 接口，分为 Socket2 和 Socket3，前者支持 SATA、PCI-Ex 2 接口，理论传输带宽为 10Gbps；后者支持 PCI-Ex 4，理论传输带宽为 32Gbps。M.2 接口的外观如图 6-4 所示。

图 6-3　固态硬盘的外观　　　　　　　　　　图 6-4　M.2 接口的外观

二、内部结构

根据固态硬盘的定义可以知道，其内部结构由三大块构成：主控芯片、闪存颗粒单元、缓存芯片。

1. 主控芯片

如同 CPU 之于计算机，主控芯片是整个固态硬盘的核心器件，其作用有二，一是合理调配数据在各个闪存芯片上的负荷；二是承担整体数据中转，连接闪存芯片和外部 SATA 接口。不同的主控芯片的性能相差非常大，在数据处理能力、算法，以及对闪存芯片的读取、写入、控制上会有非常大的差异，会直接导致固态硬盘产品在性能上产生很大的差异。

当前主流的主控芯片厂商有迈威（Marvell，俗称"马牌"）、SandForce、慧荣（Silicon Motion）、群联（Phison）、智微（JMicron）等，其产品有着自己的相应特点，被应用于不同层级的固态产品中。图 6-5 所示为慧荣生产的主控芯片。

2. 闪存颗粒单元

存储单元是固态硬盘的核心器件。在固态硬盘中，闪存颗粒替代机械磁盘成为了存储单元。

闪存（Flash Memory）本质上是一种寿命长、具有非易失性（在断电情况下仍能保留存储的数据信息）的存储器，数据删除不是以单个的字节为单位而是以固定的区块为单位的。

在固态硬盘中，NAND 闪存因其具有非易失性存储的特性，即断电后仍能保存数据，被大范围应用。

在当前的固态硬盘市场中，主流的闪存颗粒厂商主要有东芝（Toshiba）、三星、英特尔、美光（Micron）、海力士（SK hynix）、闪迪（SanDisk）等，东芝的闪存颗粒单元如图 6-6 所示。

图 6-5　慧荣主控芯片

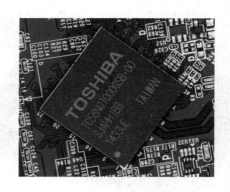

图 6-6　东芝闪存颗粒单元

3. 缓存芯片

缓存芯片是固态硬盘三大块中最容易被忽视的一块，也是厂商最不愿意投入的一块。与主控芯片、闪存颗粒单元相比，缓存芯片的作用确实没有那么明显，在用户群体中的认知度也没有那么深入。

实际上，缓存芯片的存在是有意义的，特别是在进行常用文件的随机性读写，以及碎片文件的快速读写方面。固态硬盘内部的磨损机制会导致其在读写小文件和常用文件时不断地将整块数据写入缓存，然而导出到闪存颗粒中的过程需要大量缓存来维系，特别是在执行大数量级的碎片文件的读写进程时，高缓存的作用会更明显。这也解释了为什么没有缓存芯片的固态硬盘在用了一段时间后会开始掉速。

当前，缓存芯片的市场规模不算太大，主流的厂商包括南亚、三星、金士顿等。图 6-7 所示为南亚缓存芯片。

图 6-7　南亚缓存芯片

Step 3：机械硬盘与固态硬盘的比较

一、防震抗摔性

机械硬盘都是磁碟形的，数据被储存在磁碟扇区里。固态硬盘是由闪存颗粒（内存、

MP3、U 盘等存储介质）制作而成的，所以固态硬盘内部不存在任何机械部件，这样即使在高速移动甚至伴随翻转倾斜的情况下也不会影响其正常使用，而且在发生碰撞和震荡时能够将数据丢失的可能性降到最低。相较于机械硬盘，固态硬盘在防震抗摔性上占有绝对优势。

二、数据存储速度

从评测数据来看，固态硬盘相对于机械硬盘的性能提升了两倍甚至更多。

三、功耗

固态硬盘的功耗低于机械硬盘。

四、重量

固态硬盘的重量更轻，与常规硬盘相比轻 200 ~ 300g。

五、噪声

由于固态硬盘没有机械部件和闪存芯片，所以它具有发热量小、散热快等特点，而且没有机械马达和风扇，所以工作噪声值为 0 分贝。机械硬盘在散热和静音方面的表现要逊色很多。

六、价格

普通品牌的 480GB 固态硬盘为 350 元左右，而 4TB 的机械硬盘价格在 600 元左右。固态硬盘比起机械硬盘价格较高，性价比较低。

七、容量

固态硬盘目前的最大容量为 12TB。

八、使用寿命

SLC 固态硬盘只有 10 万次的读写寿命，成本低廉的 MLC 的读写寿命仅有 1 万次。因此，相对于固态硬盘，机械硬盘的寿命更长。

综合来看，固态硬盘其实已在许多方面表现出综合性优势。结合上述观点，固态硬盘与机械硬盘的比较如表 6-1 所示。

表 6-1 固态硬盘与机械硬盘的比较

比较项	固态硬盘	机械硬盘
容量	较小	大
价格	高	低

比较项	固态硬盘	机械硬盘
随机存取	极快	一般
写入次数	SLC：10万次	无限制
盘内阵列	可	极难
工作噪声	无	有
工作温度	极低	较明显
防震抗摔	很好	较差
数据恢复	难	可以
重量	轻	重

Step 4：在装机时如何选择合适的硬盘

装机基本上首选固态硬盘，在储存空间足够的情况下，建议单独搭配固态硬盘，但是如果对储存要求较高，比如打游戏、存放视频资料或者是行业需要，那么建议采用"固态＋机械双硬盘"的方案，将固态硬盘设为主盘，将机械硬盘设为副盘，既满足速度需要又满足储存需要。

知识链接

1．5400r/min 的硬盘

较高的转速可以缩短硬盘的平均等待时间和实际读写时间，但随着硬盘转速的不断提高也带来了温度升高、主轴电机磨损加大、工作噪声增大等负面影响。笔记本硬盘的转速低于台式机硬盘，一定程度上是受到上述因素的影响。由于笔记本内部空间狭小，因此笔记本硬盘（2.5寸）也被设计得比台式机硬盘（3.5寸）小，转速提高造成的温度上升，对笔记本的散热性能提出了更高的要求；噪声变大，则必须采取必要的降噪措施，这些都对笔记本硬盘制造技术提出了更多的要求。同时提高转速，而维持其他组件不变，则意味着电机的功耗将增大，单位时间内消耗的电量增多，电池的工作时间缩短，这样笔记本的便携性就会受到影响。所以笔记本硬盘一般采用相对转速较低的5400r/min的硬盘。

2．固态硬盘的寿命

固态硬盘的工作原理更像U盘，由闪存介质存储数据，以及由主控芯片控制工作。因为没有机械结构，也不需要寻道，所以固态硬盘的读写速度比机械硬盘快。但由于闪存芯片的充、放电次数有限，而且每一次读写都需要充、放电，因此影响固态硬盘寿命的主要因素是读写次数、容量。固态硬盘的寿命已经可以达到5～10年，而机械硬盘只要不是物理损坏，甚至可以伴随计算机终生，根本不用担心其寿命问题。

3. 固态硬盘的主要厂商

机械硬盘市场基本上被希捷、西部数据、东芝等少数几家占据，但固态硬盘的市场还未形成几家独大的情况。三星、英特尔、海力士、美光、东芝、西部数据等都属于研发实力强劲的一流大厂，具备独立研发和生产闪存的能力。此外，联想、惠普、创见、宇瞻、七彩虹、铭瑄、朗科等厂商的产品性价比较高，深受广大用户的喜爱。

4. Windows 10 操作系统对固态硬盘技术的优化

虽然固态硬盘现在还有些缺点，但是随着固态硬盘技术的不断改进，加上对固态硬盘有更强优化处理的 Windows 10 操作系统的推出，固态硬盘的一些缺点也有了不错的解决方案。

从 Windows 8 操作系统开始，微软公司已经对固态硬盘采取了自动优化。Windows 10 操作系统对固态硬盘的性能和寿命进行了更好的改善。无须用户的任何设置，操作系统会自动辨识存储设备是机械硬盘还是固态硬盘，若为固态硬盘，则会关闭磁盘整理功能，避免固态硬盘不断重复地进行读写操作，从而大大地降低固态硬盘在日常使用中的损耗，增加其使用寿命。目前 SLC 固态硬盘的读写寿命只有 10 万次左右。此外，Trim 指令可以有效地防止固态硬盘在长期使用后速度下降，并延长闪存的使用寿命。

作业布置

一、填空题

1. 家用硬盘主要分为两种，即传统的 _____ 硬盘与新兴的 _____ 硬盘。

2. 传统的普通硬盘主要由盘片、_____、传动臂、主轴电机和外部接口等几个部分组成。

3. 目前，家用硬盘的转速是 _____，而服务器使用的 SCSI 硬盘的转速基本达到了 _____ 甚至 _____。

4. 在购置硬盘后，经过格式化并投入使用的硬盘空间容量比产品标识宣称的容量少了许多，容量越大这个差值就越大。这种情况我们称之为 _____。

5. 新一代的 M.2 接口类型可以分为 Socket2 和 Socket3，其中 Socket3 支持 PCI-Ex 4，理论传输带宽可达到 _____Gbps。

二、选择题

1. 下面哪个部件不是固态硬盘的主要部件？（　　　　）

    A. 盘片   B. 主控芯片

    C. 闪存颗粒   D. 缓存单元

2. 由于硬盘厂商使用千进制计算容量而导致的容量与标准容量的误差被称为容量偏差。一块 1TB 的硬盘在经过格式化后，下面的哪个容量是最有可能存在的？（　　）

    A. 931GB   B. 900GB

    C. 850GB   D. 1000GB

3. 在购置硬盘时，下面哪个不是需要考虑的主要性能指标？（　　）

    A. 接口类型   B. 缓存大小

    C. 转速快慢   D. 频率高低

任务 7　认识与选购显卡

任务描述

通常所说的在购置计算机时要着重考虑影响其性能的三大部件是 CPU、主板与内存。但在实际操作时，计算机的其他部件也会对计算机的整体性能产生较大影响。本任务的目标是选购一款能显著提升一台多媒体计算机图像显示性能的显卡。

任务分析

显卡是个人计算机最基本的部件之一，其用途是将计算机系统所需要的显示信息进行驱动转换，并向显示器提供逐行或隔行扫描信号的功能，从而控制显示器的正确显示。显卡是连接显示器和个人计算机主板的重要组件，是"人机"的重要设备之一。它和显示器构成了计算机系统的图像显示系统。

但是，在实际的购机行为中，如何为计算机购置一款合适的显卡则需要依据具体的情况进行具体的分析，如用户购置计算机的主要用途，如果只用来进行文字处理或简单地上网浏览信息、观看网页视频，那么使用普通的显卡或者集成显卡的主板就能满足需要；如果需要处理图形图像来完成设计类的工作或者玩大型的 3D 游戏，则普通显卡无法胜任，此时需要选购一款专业显卡。

任务实施

Step 1：了解显卡的外观与内部结构

显卡通常由显示芯片、显示内存、总线接口和 I/O 接口构成。对于高端显卡，主板往往供电不足，此类显卡需要有独立的电源接口。图 7-1 所示为拆卸散热片前后的显卡结构。

图 7-1　显卡结构

一、显示芯片

显示芯片也被称为 GPU，全称是 Graphic Processing Unit，即图形处理器。GPU 是相对于 CPU 的一个概念，相当于专用于图像处理的 CPU。一些高档的 GPU 内部的晶体管数甚至超过了普通的 CPU，但 GPU 是专为复杂的数学和几何计算而设计的，因此不能代替 CPU。GPU 决定了显卡的档次和大部分性能，同时也是 2D 显卡和 3D 显卡的主要区别。2D 显卡在处理 3D 图像和特效时主要依赖于 CPU 的处理能力，即"软加速"。3D 显卡会将三维图像和特效处理功能集中在显示芯片内，即"硬加速"。每个显卡上都有一个大的散热片或者一个散热的风扇，下面就是显示芯片。

二、显示内存

显示内存简称显存，是显卡的重要组成部分，主要功能是暂时存储显示芯片将要处理的数据和已经处理好的数据。显示芯片越高档，分辨率越高，在屏幕上显示的像素点就越多，所需的显存容量就越大。显存的类型有 DDR2、DDR3、DDR4、DDR5。

衡量显卡中显示内存性能的指标主要有工作频率、显存位宽、显存带宽、显存容量和显存类型等。

1. 工作频率

显存的工作频率会直接影响显存的速度，显存的工作频率以 MHz（兆赫）为单位，工作频率的高低和显存类型有非常大的关系。DDR5 的工作频率最高能达到 4800MHz，而且可提升的空间还很大。

2. 显存位宽

显存位宽是显存在一个时钟周期内能传送数据的位数，位数越大，在相同频率下传送的数据量就越大。目前大部分显卡的显存位宽是 128bit、192bit、256bit、512bit、1024bit。

3. 显存带宽

显示芯片与显存之间的数据交换速度就是显存带宽。在显存工作频率相同的情况下，显存位宽将决定显存带宽的大小。显卡的显存是由一块块的显示芯片构成的。显存位宽 = 显存颗粒位宽 × 显存颗粒数。显存总位宽是所有显存颗粒位宽的总和。在其他规格相同的情况下，显存位宽越大，显卡的性能越好。

4. 显存容量

显存容量是指在显卡上本地显存的容量，决定了显卡临时存储数据的能力，直接影响显卡的性能。目前主流显卡的显存容量多为 1GB，而一些高档显卡的显存容量已经达到 4GB、6GB、8GB、12GB 及以上。

5. 显存类型

显存类型也是影响显卡性能的重要参数之一，目前市场上的显存主要有 GDDR 和 HBM 两种。

- GDDR：GDDR 显存在很长一段时间内是市场上的主流类型，从过去的 GDDR1 到现在的 GDDR5 和 GDDR5X，GDDR5 和 GDDR5X 的功耗相对较低，性能更高，可以提供更大的容量，并且采用新的频率架构，拥有更好的容错性。
- HBM：HBM 显存是最新一代的显存，用来替代 GDDR 显存，采用堆叠技术，减小显存的体积，节省空间。HBM 显存增加了位宽，其单颗粒的位宽是 1024bit，是 GDDR5 显存的 32 倍。在同等容量的情况下，HBM 显存的性能比 GDDR5 显存提升了 65%，功耗降低了 40%。HBM2 显存的性能在原来的基础上翻了一倍。

三、总线接口

显卡只有与主板进行数据交换才能正常工作，所以必须有与之对应的总线接口，早期的显卡总线接口为 AGP，而目前流行的显卡总线接口是 PCI-Ex 3.0 16X、PCI-Ex 2.1 16X、PCI-Ex 2.0 16X。

四、I/O 接口

I/O 接口是显卡与显示器之间的接口，也是显示器和显卡之间的桥梁，负责向显示器输出图像信号。目前主要的显卡 I/O 接口有 VGA 接口、DVI 接口、HDMI 和 DisplayPort 接口。

1. VGA 接口

VGA（Video Graphics Array，视频图形阵列）是 IBM 于 1987 年提出的使用模拟信号的电脑显示标准。VGA 接口是计算机采用 VGA 标准输出数据的专用接口，共有 15 针，分成 3 排，每排 5 个孔，是显卡上应用最为广泛的接口类型，绝大多数显卡都带有该接口，如图 7-2 所示。目前 VGA 接口对于个人计算机市场已经过时。

2. DVI 接口

1998 年 9 月，在 Intel 开发者论坛上成立的数字显示工作小组（Digital Display Working Group，简称 DDWG）发明了 DVI 接口，这是一种用于高速传输数字信号的技术，有 DVI-A、DVI-D 和 DVI-I 三种不同类型的接口形式。DVI-D 只有数字接口，DVI-I 有数字和模拟接口，目前应用主要以 DVI-D（24+1）为主，如图 7-3 所示。

图 7-2 VGA 接口

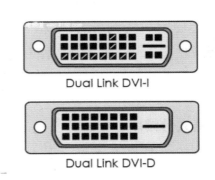

图 7-3 DVI 接口

3. HDMI

高清多媒体接口（High Definition Multimedia Interface，HDMI）是一种全数字化视频和音频发送接口，可以发送未压缩的音频及视频信号，如图 7-4 所示。HDMI 可以用于机顶盒、DVD 播放机、个人计算机、电视、游戏主机、综合扩大机、数字音响与电视机等设备。HDMI 可以同时发送音频和视频信号，由于音频和视频信号采用同一条线缆，因此极大地简化了系统线路的安装过程。

4. DisplayPort 接口

DisplayPort 简称 DP，是一个由计算机及芯片制造商联盟开发，由视频电子标准协会（VESA）制定的标准化的数字式视频接口标准，如图 7-5 所示。该接口主要用于视频源与显示器等设备的连接，支持携带音频、USB 及其他形式的数据，同样允许音频与视频信号共用一条线缆进行传输。

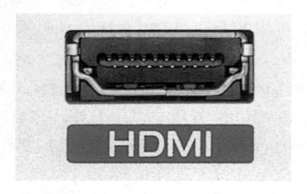

图 7-4　HDMI

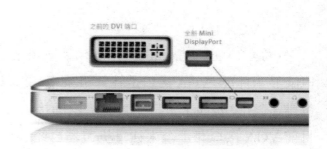

图 7-5　DP 接口

Step 2：了解显卡主要的性能指标

一、刷新频率

刷新频率是指显示器每秒刷新屏幕的次数，单位为 Hz，范围为 56 ～ 120Hz。过低的刷新频率会使用户看到屏幕闪烁，从而导致眼睛疲劳。刷新频率越高，屏幕闪烁就越小，图像也就越稳定，用户即使长时间使用也不容易感觉眼睛疲劳（建议使用 85Hz 以上的刷新频率）。

二、最大分辨率

最大分辨率是显卡在显示器上所能描绘的像素点的数量，分为水平行像素点数和垂直行像素点数。例如，显示器的分辨率为 1024 像素 ×768 像素，那就是说这幅图像由 1024 个水平像素点和 768 个垂直像素点组成。现在流行的显卡的最大分辨率能达到 4096 像素 × 2160 像素。

三、色深

色深也叫作颜色数，是指显卡在一定分辨率下可以显示的色彩数量，一般以多少色或多少 bit 来表示，比如标准 VGA 显卡在 640 像素 × 480 像素分辨率下的颜色数为 16 色或 4bit。色深通常可以设定为 16bit 和 24bit，当色深为 24bit 时，称为真彩色，此时可以显示出 16777216 种颜色。现在流行的显卡的色深大多数已经达到 32bit。色深的位数越高，显示器能显示的颜色就越多，显示的图像质量就越好。色深增加会导致显卡要处理的数据量剧增，相应地会影响显示速度或导致显示器刷新频率的降低。

四、像素填充率

显示器上的三维物体是由计算机运算生成的。当显示器上的三维物体运动时，需要及时显示原来被遮挡的部分，并抹去现在被遮挡的部分，还要针对光线角度的不同来应用不同的色彩填充多边形。人的眼睛具有一种"视觉暂留"特性，一幅图像在很快地被多幅连续的、只有微小差别的图像代替时，给人的感觉并不是多幅图像的替换，而是一个连续的动作，所以在对三维图像进行快速的生成、消失和填充像素时，给人的感觉就是三维物体在运动。像素填充率是显卡在一个时钟周期内能渲染的图形像素的数量，直接影响显卡的显示速度，是衡量 3D 显卡性能的主要指标之一。

五、三角形填充率

三角形（多边形）生成速度是指显卡在一秒钟内生成的三角形（多边形）数量。电脑显示 3D 图形的过程是：首先用多边形（三角形是最简单的多边形）建立三维模型，然后进行着色及其他处理。物体模型中三角形数量的多少将直接影响重现后物体外观的真实性，在保障图形显示速度的前提下，显卡一秒钟内生成的三角形数量越多，物体建模时就能使用越多的三角形，以提高 3D 模型的分辨率。

Step 3：显卡选购时的注意事项

一、选料

如果显卡的选料上乘、做工优良，那么显卡的性能会很好，但价格相对也较高。如果显卡的价格低于同档次的其他显卡，那么该显卡在选料上可能稍次。在选购显卡时，一定要注意选料的问题。

二、做工

一款性能优良的显卡，其 PCB（印制电路板）、线路和各种元件的分布也比较规范，建议尽量选择使用 4 层以上 PCB 的显卡。

三、布线

为了使显卡能够正常工作，显卡内通常密布着许多电子线路，用户可以直观地看到这些线路。正规厂家的显卡布局清晰、整齐，各个线路间都保持了比较固定的距离，各种元件也非常齐全，而低端显卡上则常会出现空白的区域。

四、包装

一款通过正规渠道进货的新显卡,包装盒上的封条一般是完整的,而且有中文的产品标识和生产厂商名称、产品型号和规格等信息。

五、品牌

大品牌的显卡做工精良,售后服务好,定位于低、中、高不同市场的产品也很全面,方便用户选购。用户关注最多的主流显卡品牌包括七彩虹、影驰、索泰、耕升、讯景(XFX)、华硕、丽台、蓝宝石、迪兰和微星科技等。

知识链接

一、显卡的分类

1. 集成显卡

配置核心显卡的 CPU 通常价格不高,同时低端核心显卡难以胜任大型游戏。集成显卡是将显示芯片、显存及其相关电路都集成在主板上并与其融为一体的元件,其显示芯片有单独的,但大部分都集成在主板的北桥芯片中。一些集成在主板上的显卡也在主板上单独安装了显存,但其容量较小。集成显卡的显示效果与处理性能相对较弱,不能对显卡进行硬件升级,但可以通过 CMOS 调节频率或刷入新 BIOS 文件实现软件升级来挖掘显示芯片的潜能。集成显卡的性能相对较低,且固化在主板或 CPU 上,本身无法更换,如果必须换,则只能换主板。集成显卡的优点是功耗低、发热量小,部分集成显卡的性能可以媲美入门级的独立显卡,所以喜欢自己动手组装计算机的用户不用花费额外的资金来购买独立显卡,便能使计算机的性能达到自己满意的程度。

2. 独立显卡

独立显卡是指将显示芯片、显存及其相关电路单独放在一块电路板上,自成一体而作为一块独立的板卡存在,需要占用主板的扩展插槽(ISA、PCI、AGP 或 PCI-E)。独立显卡的优点是单独安装有显存,一般不占用系统内存,在技术上也较集成显卡先进得多,性能也优于集成显卡,且容易进行显卡的硬件升级。独立显卡的缺点是系统功耗大,发热量也较大,需要额外购买显卡,同时占用更多空间(特别是对笔记本来说)。独立显卡按照性能可以划分为两类,一类是专门为游戏设计的娱乐显卡,另一类是用于绘图和 3D 渲染的专业显卡。

3.　核心显卡

核心显卡是 Intel 公司的新一代图形处理核心，和以往的显卡设计不同，Intel 凭借其在处理器制程上的先进工艺以及新的架构设计，将图形核心与处理核心整合在同一块基板上，构成一个完整的处理器。智能处理器架构在设计上的整合大大缩短了处理核心、图形核心、内存及内存控制器间的数据周转时间，有效提升了处理效能并大幅降低芯片组整体功耗，有助于缩小核心组件的尺寸，为笔记本、一体机等产品的设计提供更大的选择空间。

需要注意的是，核心显卡和传统意义上的集成显卡并不相同。笔记本平台采用的图形解决方案主要有"独立"和"集成"两种，前者拥有单独的图形处理核心和独立的显存，能够满足复杂的图形处理需求，并提供高效的视频编码应用。集成显卡将图形处理核心以独立芯片的方式集成在主板上，并且动态共享部分系统内存作为显存使用，因此能够提供简单的图形处理能力，以及较为流畅的编码应用。

相对于前两者，核心显卡将图形处理核心整合在处理器中，进一步加强了图形处理的效率，并把集成显卡中的"处理器＋南桥＋北桥（图形核心＋内存控制＋显示输出）"解决方案精简为"处理器（处理核心＋图形核心＋内存控制）＋主板芯片（显示输出）"的双芯片模式，有效降低核心组件的整体功耗，有利于延长笔记本的续航时间。

二、主流的显示芯片

显示芯片与 CPU 一样，其技术含量相对较高，目前市场上主要有 Intel、NVIDIA 和 AMD 这三家公司，它们都只设计、生产显示芯片，而不生产显卡，将显示芯片卖给第三方厂商，并告诉这些厂商如何组装、生产，即提供一个"样板"，这个"样板"就是我们常说的"公版设计"。

1.　Intel

Intel 公司不仅是世界上最大的 CPU 生产商，还是世界上最大的集成显卡显示芯片生产商。目前 Intel 公司的显示芯片全部用于集成显卡，与装载了 Intel 芯片组的主板搭配使用。如果只按发售数量计算，Intel 公司随主板芯片组发售的显示芯片占据整个集成显卡显示芯片市场的 60% 以上。

2.　AMD

AMD 显卡即 ATI 显卡，俗称 A 卡，搭载 AMD 公司出品的显示芯片。AMD 公司与NVIDIA 公司齐名，为世界两大显示芯片厂商，其生产的显卡如图 7-6 所示。

3. NVIDIA

NVIDIA Headquarters,Santa Clara,CA NVIDIA，中文名称为英伟达，公司 Logo 如图 7-7 所示。

图 7-6　AMD 公司生产的显卡　　　　图 7-7　NVIDIA 公司 Logo

NVIDIA 公司总部地址：美国加利福尼亚州圣克拉拉（与 Intel 公司相邻）。

三、多 GPU 技术——SLI 和 CF

在显卡技术发展到一定水平的情况下，利用多 GPU 技术可以在单位时间内提升显卡的性能。多 GPU 技术是指联合使用多个 GPU 核心的运算力，来得到高于单个 GPU 的性能，从而提升计算机的显示性能。

支持多 GPU 技术的显示芯片只有两个品牌，NVIDIA 公司的 SLI，以及 AMD 公司的 CF。

1. SLI

SLI（Scalable Link Interface，可升级连接接口）是 NVIDIA 公司的专利技术，通过一种特殊的接口连接方式（称为 SLI 桥接器或者显卡连接器），在一块支持 SLI 技术的主板上同时连接并使用多块显卡。

2. CF

CF（CrossFire，交叉火力，简称交火）是 AMD 公司的多 GPU 技术，通过 CF 桥接器让多张显卡同时在一台计算机上连接使用，以增加运算效能。与 SLI 相同，CF 也是通过桥接器连接显卡上的 SLI/CF 接口来实现多 GPU 的。

作业布置

一、填空题

1. 显卡芯片全称为 Graphic Processing Unit，因此也被称为 _____。

2．显示器的接口主要有 VGA、_____、HDMI、DP 等多种类型，目前 VGA 接口已逐渐被淘汰。

3．_____也叫作颜色数，是指显卡在一定分辨率下可以显示的色彩数量。

4．最大分辨率是显卡在显示器上能描绘的像素点的数量，分为_____像素点数和_____像素点数。

5．用来替代 GDDR 的新一代显存类型是_____显存。

二、选择题

1．下列厂商中，哪个不是主流的显卡品牌？（　　）

    A．ATI　　　　　　B．Intel　　　　　　C．NVIDIA　　　　D．WD

2．下列哪个不是常用的显卡分类？（　　）

    A．集成显卡　　　　　　　　　　　B．独立显卡

    C．核心显卡　　　　　　　　　　　D．GPU 显卡

3．下列关于显卡接口的描述，不正确的选项是（　　）。

    A．VGA 接口使用面广，是目前主流的显卡使用接口

    B．DVI 接口是一种用于高速传输数字信号的接口

    C．HDMI 是一种全数字化视频和声音发送接口

    D．DP 接口是一种标准化的数字式视频标准接口

任务 8　认识与选购显示器

任务描述

计算机的图像输出系统是由显卡与显示器组成的。只有好的显卡还不能组成高质量的图像输出系统，需要搭配显示器才能完美地将显卡处理的各种数据呈现在用户面前。本任务的目标是依据用户的实际需要来购置一台高性能的显示器。

任务分析

随着显示器的发展，现在的主流显示器基本上都是 LCD（Liquid Crystal Display，液晶显示器），具有无辐射危害、屏幕不闪烁、工作电压低、功耗小、重量轻、体积小等优点。由于显示器直接面对用户的眼睛，因此适当地加大在显示器上的投入从保护视力的角度来说是值得的。本任务着重分析 4K 显示器与时下流行的曲面显示器。

任务实施

Step 1：认识显示器的外观与接口

早期的显示器多为 CRT（Cathode Ray Tube，阴极射线显像管）显示器，使用的是 VGA 接口，此类显示器早已为市场技术所淘汰。现在市场上的显示器多为 LCD，早期的显示器和现在的显示器分别如图 8-1、图 8-2 所示。

图 8-1　早期的显示器　　　　　　　　　　图 8-2　现在的显示器

现在市场上主流的 LCD 与传统的 CRT 显示器相比，具有无辐射危害、屏幕不闪烁、工作电压低、功耗小、重量轻、体积小等优点。显示器多数使用 DVI 接口及 VGA 接口，也有显示器额外提供 HDMI，如图 8-3、图 8-4、图 8-5 所示。

图 8-3　DVI 接口　　　　图 8-4　VGA 接口　　　　图 8-5　HDMI

Step 2：认识高清 4K 显示器

高清 4K 显示器并不是指特殊的显示器，而是指最大分辨率能达到 4K 标准的显示器。

一、4K

4K 是一种高清显示技术，主要应用于电视、电影、手机等领域。4K 显示器的分辨率是 4096 像素 × 2160 像素，最低每秒 60 帧。根据使用范围的不同，4K 分辨率也有各种各样的衍生分辨率，如 Full Aperture 4K 的 4096 像素 × 3112 像素、Academy 4K 的 3656 像素 × 2664 像素及 UHDTV 标准的 3840 像素 × 2160 像素等。

二、4K 分辨率

4K 分辨率表示显示器能显示的像素数量，通常用显示器在水平和垂直方向上能够达到的最大像素点来表示。超高清 4K 为 4096 像素 × 2160 像素，4K 的清晰度是 1080P 的 4 倍，而 1080P 又是 720P 是 4 倍，所以 4K 显示器能最真实地还原事物本来的形状。

三、桌面 4K

市场上主流显示器的比例多为 16 ∶ 9 与 16 ∶ 10，而 4K 的比例大约为 17 ∶ 9。为了配合 16 ∶ 9 的屏幕比例，3840 像素 × 2160 像素的显示器通常被称为 4K 显示器，简称桌面 4K。

Step 3：认识曲面显示器

曲面显示器是面板带有弧度的显示器，可以提升用户在视觉体验上的开阔感，使用户的视野更广。曲面显示器微微向用户弯曲的边缘能够更贴近用户，所以能与屏幕中央实现基本相同的观赏角度，同时让用户体验到更好的观影效果。曲面显示器的主要优点如下。

一、沉浸式体验

沉浸式体验是曲面电视最大的宣传卖点，类似电影院中的 IMAX 屏幕，略微弯曲的屏幕能够提供更好的环绕式观感，为用户提供更具深度的观赏体验。曲面显示器不仅针对 3D 图像，而且可以提升 2D 画面的观赏效果，让画面更具纵深感。

二、视角更开阔

同样尺寸的平板电视和曲面电视，曲面电视给人的感觉要更开阔，视野更广，如图 8-6 所示。

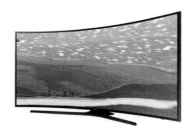

图 8-6　曲面电视

三、对比度更出色

虽然难以量化，但曲面电视通常比一般的平板电视拥有更好的对比度。

当然，曲面显示器也并非只有优点而无缺点，曲面显示器对光线的要求更高、无法挂墙、价格昂贵等都是需要考虑是否购置的因素。如果用来观影或者玩大型游戏，那么曲面显示器可以带来更为沉浸式的体验；如果用来完成设计类工作或文案工作，那么曲面显示器就未必适合了。

Step 4：其他需要关注的参数

选购显示器还有许多需要关注的技术参数，如屏幕尺寸、屏幕比例、可视角度、灰阶响应时间及刷新率等。

（1）屏幕尺寸：主要是指屏幕大小。详细描述参见知识链接。

（2）屏幕比例：主要是指屏幕的纵向比与横向比，通俗地说就是长与宽的比例，一般有普通屏 4：3、宽屏 16：9 及 16：10 等。

（3）可视角度：指站在位于显示器旁边的某个角度仍可清晰地看到影像时的最大角度。主流显示器的最大可视角度一般能达到 160°以上。

（4）灰阶响应时间：当玩游戏或者看电影时，显示器内容需要对多彩画面做各种颜色的变化，即转换灰阶响应时间。灰阶响应时间短的显示器，其画面质量更好。目前主流显示器的灰阶响应时间都控制在 6ms 以下。

（5）刷新率：指电子束对显示器上的图像重复扫描的次数。刷新率越高，显示器显示的图像的稳定性越好。能在高分辨率下达到高刷新率的显示器才是性能优秀的显示器。市场上显示器的刷新率主要有 72Hz、120Hz、144Hz。

Step 5：如何选购一台显示器

一、目的

购置前要清晰地知道购置显示器的目的是什么，是用于办公还是游戏。如果用于设计类、文案类的工作，则可以选购传统的平面显示器；如果专门用来打游戏或者观看影片，则可以尝试购置曲面显示器。

二、品牌选择

电子类产品尽可能选用大厂的，质量有保障。市场上主流的显示器品牌非常多，有三星、优派、AOC、明基、联想等。

三、接口适配

显示器要与显卡接口相匹配。有些主机是集成主板没有 DVI 接口，此时只能选择带 VGA 接口的显示器。

四、坏点测试

在购置显示器时，要将显示屏设置成全白或者全黑，用肉眼观察在全白环境下是否有黑点，或者在全黑环境下是否有白点。通常超过 3 个坏点的显示器就不适合购置了。

知识链接

1. LED 显示器

LED 显示器（Monitor of light emitting diode）是一种通过控制半导体发光二极管的显示方式来显示文字、图形、图像、动画、行情、视频、录像信号等各种信息的显示器。

2. 屏幕尺寸

CRT 显示器的尺寸是指显像管的对角线尺寸。最大可视面积是指显示器可以显示图形的最大范围。显像管的大小通常以对角线的长度来衡量，以英寸为单位，常见的有 15 英寸、17 英寸、19 英寸、20 英寸等。显示器的可视面积都会小于显像管的大小，通常用长与高的乘积来表示，也用屏幕可见部分的对角线长度来表示。15 英寸显示器的可视面积在 13.8 英寸左右，17 英寸显示器的可视面积大多为 15～16 英寸，19 英寸显示器的可视面积达到 18 寸英寸左右。

LCD 的尺寸是指液晶面板的对角线尺寸，以英寸为单位。主流 LCD 的尺寸有 15 英寸、17 英寸、19 英寸、21.5 英寸、22.1 英寸、23 英寸、24 英寸等。

3. 笔记本的屏幕尺寸

主流笔记本的屏幕尺寸有 10.1 英寸、12.2 英寸、13.3 英寸、14.1 英寸、15.4 英寸、17 英寸。

作业布置

一、填空题

1. 分辨率是指显卡能在显示器上描绘点数的最大数量，通常用 _____ 表示。

2. 彩色 CRT 显示器的三原色包括 _____、_____、_____。

3. 液晶显示器的可视面积指的是 _____。

4. 显示器的点距越小，显示的图形越清晰、细腻，分辨率和图像质量也就越 _____。屏幕越大，点距对视觉效果影响越 _____。

5. 按显示元件分类，显示器可以分为 _____ 和 _____ 两大类。

二、选择题

1. 计算机的显示系统包括（　　　）。

　　A．显示内存　　　　　　　　　　B．3D 图形

　　C．显卡　　　　　　　　　　　　D．显示器

2. 为了让用户的眼睛不轻易察觉到显示器刷新频率带来的闪烁感，最好将显卡刷新频率调到（　　　）Hz 以上。

　　A．60　　　　　　　　　　　　　B．75

　　C．85　　　　　　　　　　　　　D．100

任务 9　认识与选购机箱与电源

--------///////////　任务描述　///////////--------

　　机箱是计算机的主要部件，电源是整个计算机系统的动力设备。个人计算机能否稳定工作，机箱与电源的选购非常重要。本任务的目标是为计算机系统选择合适的机箱与电源。

--------///////////　任务分析　///////////--------

　　市场上许多计算机的机箱与电源通常是组合在一起售卖的，有些机箱内甚至配置了标准电源（也称标配电源）。机箱的作用是放置和固定各种计算机硬件，对其起到承托和保护的作用，因此机箱的选购首先要考虑的因素是牢固。电源是为计算机提供动力的配件，其品质要足够稳定。

（　　任务实施　　）

Step 1：了解机箱结构及其主要参数

一、机箱的外观与内部结构

　　机箱一般为矩形框架结构，主要用于为主板、各种输入/输出卡、硬盘驱动器、光盘驱动器和电源等部件提供安装支架。图 9-1 所示为普通机箱的外观，图 9-2 所示为机箱的内部结构。

图 9-1 普通机箱的外观

图 9-2 机箱的内部结构

二、机箱的类型

目前家用计算机的机箱主要可以分为 ATX 机箱与 MATX 机箱，下面分别进行介绍。

1. ATX 机箱

在 ATX 机箱中，主板安装在机箱的左上方并且横向放置，电源安装在机箱的右上方，前置面板用于安装存储设备，在后置面板上预留了各种外部端口的位置，这样可以使机箱内部的空间更加宽敞、简洁，且有利于散热。ATX 机箱的内部结构如图 9-3 所示。ATX 机箱中通常会安装 ATX 主板。

2. MATX 机箱

MATX 机箱也称 Mini ATX 或 Micro ATX 机箱，是 ATX 机箱的简化版。它的主板尺寸和电源结构相较于 ATX 机箱更小，生产成本也相对较低，最多支持 4 个扩充槽。由于 MATX 机箱的体积较小，扩展性有限，因此只适合对计算机性能要求不高的用户，其内部结构如图 9-4 所示。MATX 机箱中通常会安装 MATX 主板。

图 9-3 ATX 机箱的内部结构

图 9-4 MATX 机箱的内部结构

3. ITX 机箱

ITX 机箱代表着计算机微型化的发展方向，其大小只相当于两块显卡，外观样式也不完全相同。除了安装对应主板的空间相同，ITX 机箱可以有很多形状，其内部结构如图 9-5 所示。HTPC 通常使用的是 ITX 机箱，ITX 机箱中通常会安装 MiniITX 主板。

4. RTX 机箱

RTX 是英文 Reversed Technology Extended 的缩写，可以理解为倒置技术设计。RTX 机箱通过巧妙的主板倒置，配合电源下置和背部走线系统，从而提高 CPU 和显卡的热效能，并解决以往背线机箱需要超长电源线材的问题，带来了更合理的空间利用方案。因此，RTX 有望成为下一代主流机箱结构，如图 9-6 所示。

图 9-5　ITX 机箱的内部结构

图 9-6　RTX 机箱的内部结构

三、机箱的功能与样式

在了解机箱的外观与内部结构后，还需要了解机箱的功能与样式。

1. 机箱的功能

机箱的主要功能是为计算机的核心部件提供保护。如果没有机箱，那么 CPU、主板、内存和显卡等部件就会裸露在空气中，不仅不安全，而且空气中的灰尘会影响其正常工作，一些部件甚至会氧化和损坏。机箱的具体功能主要体现在以下几个方面。

- 机箱面板上有许多指示灯，可以使用户更方便地观察系统的运行情况。
- 机箱为 CPU、主板、板卡、存储设备及电源提供了放置空间，并通过其内部的支架和螺丝将这些部件固定，形成一个整体，起到了保护罩的作用。
- 机箱坚实的外壳不仅能保护其中的设备，起到防压、防冲击和防尘等作用，还能起到防电磁干扰和防辐射的作用。
- 机箱面板上的开机和重新启动按钮可以使用户方便地控制计算机的启动和关闭。

2. 机箱的样式

机箱的样式主要分为以下两种。

- 立式机箱：主流计算机的机箱大部分是立式的。立式机箱的电源在上方，其散热性能比卧式机箱好。立式机箱没有高度限制，理论上可以安装更多的驱动器或硬盘，并使计算机内部设备的位置分布更科学，以达到更好的散热性能。立式机箱的外观如图 9-7 所示。

- 卧式机箱：这种机箱外形小巧，配备此机箱的计算机的整体外观比配备立式机箱的计算机更具有一体感，占用空间相对较少。随着高清视频播放技术的发展，很多视频娱乐计算机都采用这种机箱，其面板还具备视频播放功能，非常时尚美观，如图 9-8 所示。

图 9-7　立式机箱的外观

图 9-8　卧式机箱的外观

Step 2：了解电源及其性能指标

一、电源的外观结构

电源是计算机的心脏，用于为计算机提供动力，电源的优劣不仅直接影响计算机的稳定性，还与计算机的使用寿命息息相关。使用质量差的电源不仅会出现因供电不足而导致的意外死机现象，甚至可能损伤硬件。另外，使用质量差的电源还可能引发计算机的其他并发故障。电源如图 9-9 所示。

- 电源插槽：电源插槽由专用的电源线连接，通常是一个三眼插槽，如图 9-10 所示。需要注意的是，电源线所插入的交流插线板，其接地插孔必须提前接地，否则计算机中的静电将不能有效释放，可能导致计算机硬件被静电损坏。近年来电源已经能够模块化供电，各连接线可以依据需要进行有选择的连线供电，如图 9-11 所示。

图 9-9　电源

图 9-10　三眼插槽

- SATA 电源插头：SATA 电源插头有为硬盘提供电能供应的通道。它比 D 型电源插头要窄一些，但安装起来更加方便，如图 9-12 所示。

图 9-11　模块化接线

图 9-12　SATA 电源插头

- 24 针主板电源插头：该插头有提供主板所需电能的通道。早期的主板电源插头是 20 针的，为了满足 PCI-Ex 16 和 DDR2 内存等设备的电能消耗，目前主流的主板电源插头都在原来 20 针的基础上增加了 4 针，如图 9-13 所示。
- 辅助电源插头：辅助电源插头有为 CPU 提供电能的通道，不仅有 4 针和 8 针两种，还有可以为显卡等硬件提供辅助的类型，如图 9-14 所示。

图 9-13　24 针主板电源插头

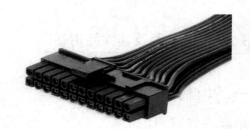

图 9-14　辅助电源插头

> 提示：市场上的大多数主板电源插头的辅助电源插头为 8 针插头，包含 4+4Pin 的 CPU 辅助电源插头和 6+2Pin 的显卡辅助电源插头（由 5 根地线（黑色）和 3 根 12V 线（黄色）组成）两种类型。其中，4+4Pin 插头是一种更人性化的设计，这种插头既可以插入 8Pin 的 CPU 供电主板，也可以插入 4Pin 的 CPU 供电主板。在主板支持的情况下，最好将 4+4Pin 插头插入 8Pin 的 CPU 供电主板，强化 CPU 供电；若主板不支持，则只要将其插入一个 4Pin 插槽供电即可，另一个 4Pin 插槽可以闲置。

二、电源的主要性能指标

影响电源性能的主要指标有风扇大小、额定功率和保护功能等。

1. 风扇大小

电源的散热方式主要是风扇散热，风扇的大小有 8cm、12cm、13.5cm 和 14cm，风扇越大，散热效果越好。

2. 额定功率

额定功率是指支持计算机正常工作的功率，是电源的输出功率，单位为 W（瓦）。市场上电源的功率为 250W ～ 800W。由于计算机的配件较多，因此 300W 以上的电源才能满足需要，目前电源的最大功率已经达到 2000W。

3. 保护功能

保护功能也是影响电源性能的主要指标，目前计算机常用的保护功能有以下几种：过压保护 OVP，当输出电压超过额定值时，电源会自动关闭，从而停止输出，防止损坏甚至烧毁计算机部件；短路保护 SCP，某些器件可以监测工作电路中的异常情况，当发生异常时，切断电路并发出报警，从而防止危害进一步扩大；过载或过流保护 OLP，防止因输出的电流超过原额定值而使电源损坏；防雷击保护，针对雷击对电源的损害；过热保护，防止电源温度过高导致电源损坏等。

三、常见的电源安全与规范认证

电源的安全与规范认证简称安规认证。安规认证包含产品安全认证、电磁兼容认证、环保认证和能源认证等方面，是一种基于用户、环境、质量的产品认证方式。对于电源产品，能够反映其质量的安规认证包括 80PLUS、CE、3C 和 RoHS 等。安规认证对应的标识通常在电源铭牌上标注，如图 9-15 所示。

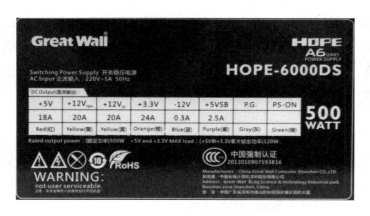

图 9-15　电源安规认证标识

1. 80PLUS 认证

80PLUS 是民间出资，为改善未来环境与节省能源而建立的一项严格的节能标准，通过 80PLUS 认证的产品，出厂后会带有 80PLUS 的认证标识。80PLUS 认证按照 20%、50% 和 100% 负载下的产品效率划分等级，分为白牌、铜牌、银牌、金牌和白金 5 个标准，白金等级最高，电源的效率也最高。

2. CE 认证

加贴 CE 认证标识的商品符合安全、卫生、环保和消费者保护等一系列欧洲指令的要求。

3. 3C 认证

3C 认证（China Compulsory Certification，中国国家强制性产品认证）包括原来的 CCEE（电工）认证、CEMC（电磁兼容）认证和新增加的 CCIB（进出口检疫）认证，正品电源都应该通过 3C 认证。

4. RoHS 认证

RoHS（Restriction of Hazardous Substances）是一项由欧盟制定的强制性标准，主要用于规范电子电气产品的材料及工艺标准，使之更加有利于人体健康及环境保护。

> **Step 3：机箱与电源选购时的注意事项**

一、机箱选购时的注意事项

在选购机箱时，除了必须要具有以上认证，还需要考虑机箱的做工、用料、品牌及其他附加功能。

1. 做工和用料

在做工方面首先要查看机箱的边缘是否垂直，对于合格的机箱，这是最基本的标准；然后查看机箱的边缘是否采用卷边设计并已经去除毛刺。好的机箱插槽定位准确，箱内还有撑杠，以防侧面板下沉。在用料方面首先要查看机箱的钢板材料，好的机箱采用的是镀锌钢板；然后查看钢板的厚度，主流厚度为 0.6mm，一些优质的机箱会采用 0.8mm 或 1mm 厚的钢板。机箱的重量在某种程度上决定了其可靠性和屏蔽机箱外部电磁辐射的能力。

2. 附加功能

为了方便用户使用耳机和 U 盘等设备，许多机箱都在面板的正面设置了音频插孔和 USB 接口。有的机箱还在面板上添加了液晶显示器，实时显示机箱内部的温度等。用户在挑选时应根据自身需要用尽可能少的钱买最好的产品。

3. 主流品牌

主流的机箱品牌有游戏悍将、航嘉、鑫谷、爱国者、金河田、先马、长城、超频三、Tt、酷冷至尊、大水牛和动力火车等。

二、电源选购时的注意事项

在选购电源时需要注意以下两个问题。

1. 主流品牌

主流的电源品牌有游戏悍将、航嘉、鑫谷、爱国者、金河田、先马、至睿、长城机电、超频三、海盗船、全汉、安钛克、振华、酷冷至尊、大水牛、Tt、GAMEMAX、台达、影驰、昂达、海韵、九州风神和多彩等。

2. 做工

要判断一款电源做工的好坏，可以先从重量开始，一般优质电源比次等电源重；其次，优质电源使用的电源输出线一般较粗；再次，优质电源用料较多，从电源上的散热孔观察其内部，可以看到体积较大和较厚的金属散热片和各种电子元件，这些部件排列得也较为紧密。

知识链接

如何估算计算机的耗电量？电源的额定功率是一定的，如果计算机中各种硬件的总耗电量超过了电源的额定功率，则会导致计算机运行不稳定和各种故障。所以，在选购电源前，首先应该估算计算机的耗电量，计算方法通常有以下两种。

1. 估算

计算机的耗电量是计算机中主要硬件的耗电量相加的结果，包括 CPU、内存、显卡、主板、硬盘、独立声卡、独立网卡、鼠标、键盘、CPU 风扇、显卡风扇和机箱风扇等。在通常情况下，计算机在满负荷运行时，其耗电量大约是正常状态的 3 倍，即选购的电源的额定功率至少应该比估算出的计算机耗电量大一倍。

2. 软件计算

利用专业硬件测试软件如计算机电源功率计算器直接计算，如图 9-16 所示。

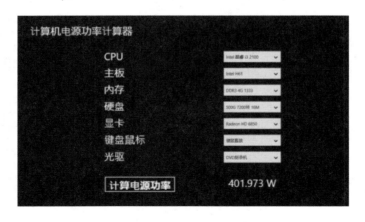

图 9-16　计算机电源功率计算器

作业布置

一、填空题

1. 目前家用计算机的机箱主要分为 _____ 机箱与 _____ 机箱。

2. _____ 是计算机的心脏，为计算机提供动力。

3. ATX 机箱的简化版为 _____ 机箱。

4. 电源插槽由专用的电源线连接，通常是一个 _____ 接口。

5. 为硬盘提供电能的插头是 _____ 电源插头。

二、选择题

1. 市场上的大多数主板电源插头的辅助电源插头为（   ）插头。

    A．8 针   B．16 针   C．24 针   D．32 针

2. 下列电源功率中，哪个不是主流的电源额定功率？（   ）

    A．2000W   B．250W   C．200W   D．800W

3. 下列电源安全与规范认证中，哪个是中国国家强制性产品认证？（   ）

    A．80PLUS   B．3C   C．RoHS   D．CE

项目三
认识与选购其他配件

能力目标

☑ 了解键盘、鼠标、存储、音箱和打印机的相关技术参数及选购要点。

☑ 能充分考虑组件的性价比，依据需求选购适合的组件。

素质目标

☑ 培养查阅资料的能力。

☑ 具有团队合作精神和服务意识。

☑ 具有学习新知识、新技术的自觉性。

思政目标

☑ 培育大国工匠精神、专业精神，在细微环节中体现专业的精巧。

☑ 进一步树立为中华民族伟大复兴而奋斗的信念。

任务 10　认识与选购键盘和鼠标

////////　**任务描述**　////////

　　键盘与鼠标虽然可能是整个计算机系统中最不起眼的设备，但是对用户而言是很重要的设备。由于键盘与鼠标是重要的信息输入设备，因此购置合适的键盘与鼠标能显著地提升信息输入和处理效率。

////////　**任务分析**　////////

　　鼠标与键盘是两种输入设备。下面分别讨论常用的键盘与鼠标的主要参数与选购原则。

任务实施

Step 1：了解与认识鼠标

一、鼠标的外观

鼠标是计算机的两大输入设备之一，因其外形像一只拖着尾巴的老鼠，因此得名鼠标。通过鼠标可以完成单击、双击和选定等一系列操作，图 10-1 所示为无线鼠标。

图 10-1　无线鼠标

二、鼠标的基本参数

影响鼠标性能的基本参数包含以下几项。

1. 适用类型

不同类型的鼠标针对不同类型的用户，除了标准类型，还有商务舒适、游戏竞技和个性时尚等类型。图 10-2 所示为带功能键的游戏鼠标。

图 10-2　带多功能键的游戏鼠标

2. 工作方式

鼠标的工作方式有光电、激光和蓝影 3 种，激光和蓝影鼠标本质上属于光电鼠标。光电鼠标通过红外线来检测鼠标的位移，先将位移信号转换为电脉冲信号，再通过程序的处理和转换来控制屏幕上的光标箭头。激光鼠标使用激光作为定位所需的照明光源，其特点是定位更精确，但成本较高。蓝影鼠标使用普通光电鼠标搭配蓝光二极管，具有透明的滚轮，其性能优于普通光电鼠标，但低于激光鼠标。

3. 连接方式

鼠标的连接方式主要有有线、无线和蓝牙 3 种，目前越来越多的用户开始选择无线鼠标与蓝牙鼠标。

4. 接口类型

鼠标的接口类型主要有 PS/2 和 USB 两种。图 10-3、图 10-4 所示为 PS/2 接口鼠标及其接口。图 10-5、图 10-6 所示为 USB 接口鼠标及其接口。

图 10-3　PS/2 接口鼠标

图 10-4　PS/2 接口

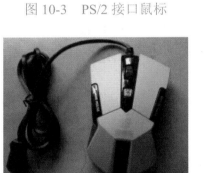

图 10-5　USB 接口鼠标

图 10-6　USB 接口

三、鼠标的技术参数

影响鼠标性能的技术参数包括最高分辨率、光学扫描率、人体工学、微动开关的使用寿命和按键数。

1. 最高分辨率

鼠标的分辨率越高，在一定距离内的定位点就越多，能更精确地捕捉用户的微小移动，有利于精准定位。分辨率（单位为 cpi）越高，在鼠标移动相同物理距离的情况下，计算机中指针移动的逻辑距离越远。目前主流的光电鼠标的分辨率多为 2000cpi 左右，最高可超过6000cpi。

2. 光学扫描率

光学扫描率主要针对光电鼠标，又被称为采样率，是指鼠标的发射口在一秒钟内接收光反射信号并将其转化为数字电信号的次数。光学扫描率是反映鼠标性能的关键，光学扫描率越高，鼠标的反应速度越快。

3. 人体工学

人体工学是指工具的使用方式应该尽量贴合人体的自然形态，在工作时使身体和精神不需要任何主动适应，从而减轻适应使用工具造成的疲劳。鼠标的人体工学设计主要是造型设计，分为对称设计和右手设计两种类型。

4. 微动开关的使用寿命

微动开关的作用是将用户的按键操作传输到计算机中，优质鼠标要求每个微动开关的正常寿命都不低于 10 万次的单击且手感适中，不能太软或太硬。劣质鼠标按键不灵敏，会给用户带来诸多不便。

5. 按键数

按键数是指鼠标按键的数量，普通计算机的鼠标至少要有两个按键才能正常使用。现在的鼠标已经从两键、三键，发展到了四键、八键甚至更多键，按键数越多，鼠标所能实现的附加功能和扩展功能就越多，用户能自定义的按键也就越多。一般来说，按键数越多的鼠标，其价格就越高。

Step 2：认识与选购键盘

键盘的作用主要是输入文本和编辑程序，并通过快捷键加快计算机的操作。下面介绍键盘的相关知识。

一、键盘的外观

键盘是计算机的另一种输入设备，主要用于进行文字输入和快捷操作。虽然现在键盘的很多操作都可以通过鼠标或手写板等设备完成，但键盘在文字输入方面的便捷性决定了其仍然占有重要地位。

二、键盘的基本参数

键盘的基本参数主要包含以下几项。

1. 适用类型

针对不同类型的用户，除了标准类型，键盘还有多媒体、笔记本、时尚超薄、游戏竞技、机械、工业及多功能等类型。图 10-7 所示为游戏键盘。

2. 防水功能

水一旦进入键盘内部，就会造成键盘损坏。具有防水功能的键盘，其使用寿命比不防水的键盘更长。图 10-8 所示为防水键盘。

图 10-7　游戏键盘

图 10-8　防水键盘

3. 多媒体功能

多媒体功能键主要出现在多媒体键盘上，该键盘在传统键盘的基础上增加了不少常用的快捷键和音量调节键。用户只需要按一个特定的按键，就可以收发电子邮件、打开浏览器软件或者启动多媒体播放器。图 10-9 所示为带多媒体功能键的多媒体键盘。

4. 人体工学

人体工学键盘的外观与传统键盘不同，运用流线设计，不仅美观，而且实用性强。人体工学键盘的显著特点是在水平方向上沿中心线分成了左右两个部分，并且由前向后呈 25°夹角。图 10-10 所示为人体工学键盘。

图 10-9　多媒体键盘

图 10-10　人体工学键盘

5. 连接方式

现在键盘的连接方式主要有有线、无线和蓝牙 3 种。

6. 接口类型

键盘的接口类型主要有 PS/2 和 USB 两种。

Step 3：键盘和鼠标选购时的注意事项

一、鼠标选购时的注意事项

在选购鼠标时，可以先从适合自己手感的鼠标入手，再考虑鼠标的功能、性能指标和品牌等方面。

1. 主流品牌

现在市场上主流的鼠标品牌有罗技、微软、雷柏和雷蛇等。

2. 手感

鼠标的外形决定了其手感，用户在购买时应亲自试用再做选择。鼠标手感的评价标准包括鼠标表面的舒适度，按键的位置分布，以及按键与滚轮的弹性、灵敏度和力度等。对于采用人体工学设计的鼠标，还需要测试鼠标的外形是否利于把握，即是否适合自己的手型。

3. 功能

市场上的许多鼠标提供了比一般鼠标更多的按键，帮助用户在手不离开鼠标的情况下处理更多的事情。一般的计算机用户选择普通的鼠标即可，而有特殊需求的用户如游戏玩家，则可以选择按键较多的多功能鼠标。

二、键盘选购时的注意事项

由于每个人的手形、手掌大小均不同，因此在选购键盘时，用户不仅需要考虑功能、外观和做工等多方面的因素，还应该对产品进行试用，从而找到适合的产品。

1. 主流品牌

现在主流的键盘品牌有双飞燕、多彩、樱桃、罗技、微软和雷柏等。

2. 功能和外观

虽然键盘上按键的布局基本相同，但各个厂家在设计产品时，一般还会添加一些额外的功能，如多媒体播放按钮和音量调节键等。在外观设计上，优质键盘的布局合理、美观，并会引入人体工学设计，提升使用的舒适度。

3. 做工

从做工上看，优质键盘的面板颜色清爽、字迹显眼，背面有产品信息和合格标签。在用手敲击各按键时，其弹性适中、回弹速度快且无阻碍，声音低，键位晃动幅度小。在抚摸键盘表面时会感受到类似于磨砂玻璃的质感，且表面和边缘平整、无毛刺。

知识链接

1. 输入设备

输入设备（Input Device）是向计算机中输入数据和信息的设备，是计算机与用户及其他设备通信的桥梁。输入设备是用户和计算机系统之间进行信息交换的主要装置之一。键盘、鼠标、摄像头、扫描仪、光笔、手写输入板、游戏杆、语音输入装置等都属于输入设备。输入设备是一种用于用户或外部设备与计算机进行交互的装置，可以把原始数据和处理这些数据的程序输入到计算机中。计算机能够接收各种各样的数据，既可以是数值型的数据，也可以是非数值型的数据，如图形、图像、声音等都可以通过不同类型的输入设备输入到计算机中并进行存储、处理和输出。

2. 蓝牙技术

蓝牙技术是一种无线数据和语音通信开放的全球规范，是为固定和移动设备建立通信环境的一种特殊的、低成本的近距离无线连接技术，支持设备短距离通信（一般在10m内）。蓝牙技术作为一种小范围无线连接技术，能够在设备间实现便捷、灵活、安全、低成本、低功耗的数据通信和语音通信，因此它是实现无线局域网通信的主流技术之一，与其他网络连接可以带来更广泛的应用。蓝牙技术还是一种尖端的开放式无线通信技术，能够让各种数码设备无线沟通，是无线网络传输技术的一种，用来取代红外技术。蓝牙技术采用TDMA结构与网络多层次结构，综合跳频技术、无线技术等，具有传输效率高、安全性高等优势，被各行各业广泛应用。

作业布置

一、填空题

1. 键盘与鼠标是重要的信息 ＿＿＿＿＿＿ 设备。

2. ＿＿＿＿＿＿ 技术是一种无线数据和语音通信开放的全球规范，是低成本的近距离无线连接，还是为固定和移动设备建立通信环境的一种特殊的近距离无线连接技术。

3. 有线键盘的接口类型主要有两种，老式的 PS/2 接口和目前流行的 ＿＿＿＿＿＿ 接口。

4. _____ 是反映鼠标性能的关键，该指标越高，鼠标的反应速度越快。

5. _____ 越高，在一定距离内定位的定位点越多，能更精确地捕捉用户的微小移动，有利于鼠标的精准定位。

二、选择题

1. 下面哪一个不是选购鼠标时需要重点考虑的性能指标？（　　）

  A．最高分辨率   B．光学扫描率

  C．人体工学结构   D．鼠标体积大小

2. 下面哪一项不是现在主流键盘的连接方式？（　　）

  A．有线连接   B．无线连接

  C．红外连接   D．蓝牙连接

3. 下列哪一个品牌不是市场上主流的键盘和鼠标品牌？（　　）

  A．罗技   B．微软   C．雷柏   D．航嘉

任务 11　认识与选购移动存储设备

--------///////// 任务描述 ///////////

为了便于存储并携带文件，在办公中经常需要使用移动存储设备。本任务的目标是选购适合的移动存储设备，其主要类型为 U 盘与移动硬盘。

--------///////// 任务分析 ///////////

移动存储设备主要是指 U 盘与移动硬盘，但许多数码设备内部的存储卡（如手机或相机内的存储卡）也可以被视为移动硬盘。下面分别对选购 U 盘与移动硬盘的方法进行讲解。

- U 盘的选购。
- 移动硬盘的选购。

(任务实施)

Step 1：认识与选购 U 盘

一、U 盘的优点

U 盘的全称是 USB 闪存盘，它是一种使用 USB 接口的、无须物理驱动器的微型高容量

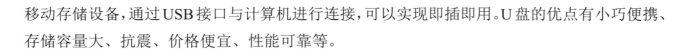

移动存储设备,通过USB接口与计算机进行连接,可以实现即插即用。U盘的优点有小巧便携、存储容量大、抗震、价格便宜、性能可靠等。

1. 小巧便携

U盘体积小,仅有拇指大小;重量轻,一般在15g左右,特别适合随身携带。

2. 存储容量大

一般的U盘容量有4GB、8GB、16GB、32GB和64GB,除此之外还有128GB、256GB、512GB和1TB等。

3. 抗震

U盘中没有任何机械式装置,抗震性能极强。

4. 其他

U盘还具有防潮、防磁,以及耐高、低温等特性,安全性很好。

二、U盘的主要接口类型

U盘的主要接口类型包括USB 2.0/3.0/3.1、Type C、Micro USB和Lightning等,如图11-1、图11-2、图11-3、图11-4所示。

图 11-1 USB 接口

图 11-2 Type C 接口

图 11-3 Micro USB 接口

图 11-4 Lightning 接口

Step 2：认识与选购移动硬盘

移动硬盘以硬盘为存储介质，可以与计算机交换大容量数据，强调便携性。移动硬盘具有以下特点。

1．容量大

市场上的移动硬盘能提供 320GB、500GB、600GB、640GB、900GB、1TB、2TB、3TB 和 4TB 等，最高可达 12TB 的容量，其中 TB 容量的移动硬盘已经成为市场主流。

2．体积小

移动硬盘的尺寸分为 1.8 英寸（超便携，可以装入口袋或钱包，但容量有限，价格较昂贵，且读写速度慢）、2.5 英寸（便携式，一般用于笔记本，其性价比、便携性与另外两种尺寸的产品相比是折中的）和 3.5 英寸（桌面式，通常用于台式机，比较便宜，而且性能也较好，但携带不方便）3 种。

3．接口丰富

现在市场上的移动硬盘分为无线和有线两种，有线的移动硬盘采用 USB 2.0/3.0、eSATA 或者 Thunderbolt 接口，传输速度快，很容易和计算机中的同种接口连接，使用方便。

4．良好的可靠性

移动硬盘多采用硅氧盘片，是一种比铝更为坚固、耐用的盘片材质，并且具有更大的容量和更好的可靠性，提高了数据的完整性。

Step 3：认识移动存储设备的主流品牌

移动存储设备主要有以下品牌。

1．主流的 U 盘品牌

主流的 U 盘品牌有闪迪、东芝、PNY、创见、威刚、宇瞻、忆捷、惠普、台电、金泰克、爱国者、麦克赛尔、金士顿、联想、朗科等。

2．主流的移动硬盘品牌

主流的移动硬盘品牌有希捷、东芝、威刚、艾比格特、忆捷、纽曼、爱国者、联想、朗科、西部数据、创见、安盘、惠普和爱四季等。

知识链接

U 盘的功能分类

1. 无驱型

无驱型 U 盘可以在 Windows 及支持 USB Mass Storage 协议的 Linux、macOS 等操作系统中正常使用，且仅在 Windows 98 操作系统中需要安装驱动程序，在 Windows ME 以上版本的操作系统中均不需要安装驱动即可正确识别并使用，真正体现了 USB 设备即插即用的方便之处。市场上大多数 U 盘都是无驱型的。

2. 加密型

加密型 U 盘除了可以对存储的内容进行加密，也可以被当作普通 U 盘使用。加密型 U 盘大体有两种类型：一种是硬件加密，如指纹识别加密 U 盘，价格较高，针对特殊的用户，一般来说，采用硬件加密方式的 U 盘的安全性更好；另一种是软件加密，软件加密 U 盘可以专门划分一个隐藏分区（加密分区）来存储要加密的文件，也可以不划分分区只对单个文件加密，没有密码就不能打开加密分区或加密的单个文件，从而起到保密的作用。

3. 启动型

启动型 U 盘的出现更使人们对这种便携产品刮目相看。顾名思义，启动型 U 盘加入了引导系统的功能，弥补了加密型及无驱型 U 盘不可启动系统的缺陷。正是这种产品的出现，加速了软驱被淘汰的进程。要进行系统引导，U 盘必须模拟一种 USB 外设。例如，市场上的启动型 U 盘主要是靠模拟 USB_HDD 方式来实现系统引导的。通过模拟 USB_HDD 方式引导系统有一个好处：在系统启动之后，U 盘会被认作一个硬盘，用户可以最大限度地使用 U 盘的空间，这也将 U 盘大容量的特点体现得非常充分。这种具备多重启动功能的 U 盘除了可以用于台式机，也可以广泛地应用在具备外置 USB 软驱的笔记本中。有了这种 U 盘，笔记本就可以彻底淘汰软驱甚至光驱了。

作业布置

一、填空题

1. U 盘的全称是 _____ 闪存盘。

2. 许多数码设备内部的存储卡（如手机或相机内的存储卡）可以被视为 _____。

3. U 盘的优点有 _____、存储容量大、价格便宜、性能可靠。

4. 移动硬盘多采用 _____，这是一种比铝更为坚固、耐用的盘片材质。

5. _____ 加入了引导系统的功能，有了这种 U 盘，就可以不使用光驱而直接安装操作系统。

二、选择题

1. 下列哪一个不是主流的 U 盘品牌？（　　）

　　A．希捷　　　　　B．闪迪　　　　　C．爱国者　　　　　D．金士顿

2. 在 U 盘的功能分类中，哪一项是错误的？（　　）

　　A．无驱型　　　　B．加密型　　　　C．启动型　　　　C．迷你型

3. 在 U 盘的主要接口类型中，哪一项不是主流的 U 盘接口类型？（　　）

　　A．USB 1.1　　　　　　　　　B．Type C

　　C．Micro USB　　　　　　　　D．Lightning

任务 12　认识与选购音箱

-------------- /////////// 任务描述 /////////// --------------

音乐对现代社会的人们而言是一种生活态度，很多人是离不开音乐的。因此音箱的好坏决定了许多用户对计算机声音系统的直接评判。本任务的目标是为计算机选购合适的音箱。

-------------- /////////// 任务分析 /////////// --------------

在选购音箱时主要考虑的因素有品牌、音箱系统、材质、功率、信噪比等。有些参数对于普通用户来说过于专业，但我们仍能从一些简单的方面对音箱进行筛选。

============ 任务实施 ============

Step 1：认识与选购音箱

从电子学的角度来看，音箱可以分为无源音箱和有源音箱两大类。

1. 无源音箱

无源音箱没有电源和音频放大电路，只在塑料压制或木制的音箱中安装了两个扬声器，靠声卡的音频功率放大电路直接驱动。这种音箱的音质和音量主要取决于声卡的音频功率放大电路，其音量通常不大。无源音箱如图 12-1 所示。

2. 有源音箱

有源音箱在普通的无源音箱的基础上增加了功率放大器。优质的扬声器、良好的功率放大器、漂亮的工艺外壳构成了多媒体有源音箱的基本框架。有源音箱必须使用外接电源，但这个"源"应理解为功放，而不是指电源。有源音箱一般由一个体积较大的"低音炮"和两个体积较小的"卫星音箱"组成，如图 12-2 所示。有源音箱的内部功放电路通过分频器将声音分成几个频率段，将中高频率段的声音输出到卫星音箱中，将低频段的声音输出到低音炮中，将低音通过低音炮的倒相孔传出并与卫星音箱产生共振，二者产生的微弱低音相结合，卫星音箱将重新演绎低音，使得低音效果十分震撼。

图 12-1　无源音箱

图 12-2　有源音箱

从材质的角度来看，音箱可以分为木质音箱和塑料音箱两大类。顾名思义，塑料音箱的箱体由塑料组成，如图 12-3 所示。木质音箱的箱体则为木头材质，如图 12-4 所示。木质音箱的音质比塑料音箱的音质要好，主要原因是木材的密度比塑料大很多。同时木材对于声音的反射能力比塑料强，木材的密闭性也非常出色，因此木质音箱的回响效果比塑料音箱好。

图 12-3　塑料音箱

图 12-4　木质音箱

Step 2：了解音箱的技术参数

1. 防磁屏蔽功能

扬声器上的磁铁对周围环境有干扰，为避免它对显示器和磁盘上的数据产生干扰，要求音箱具有较强的防磁屏蔽功能。

2．失真度

失真度是指声音在被有源音箱放大前和放大后的差异，用百分比表示，数值越小越好。失真包括谐波失真、相位失真和互调失真等，由于人耳对谐波失真很敏感，故通常以谐波失真的指标说明音箱的性能。

3．额定功率

音箱音质的好坏和额定功率没有直接的关系。额定功率是指音箱能够连续稳定工作的有效功率，表示音箱能够长期承受这一数值的功率而不致损坏。与之对应，音箱还有一个峰值功率，指的是音箱能承受的瞬间的最大功率。

4．静态噪声

静态噪声是指在没有接入信号时，将音量开关调到最大位置所发出的噪声。这种噪声是有源音箱中的音频功率放大电路产生的，越小越好。

5．信噪比

信噪比是音箱放大后的有用的信号功率与音箱自身噪声功率的比值，一般越大越好。

Step 3：音箱选购时的注意事项

1．主流的音箱品牌

主流的音箱品牌有漫步者、麦博、惠威、三诺、山水、轻骑兵、雅兰仕、冲击波等。

2．检查音箱的音质

在选购时将音箱的声音调至最大或最小，检查音质如何，音量大并不代表音质好。亲手调节各种旋转钮，边调边听，注意重放声音的变化，越均匀越好，以及是否有接触不良的噪声。音箱的功率不是越大越好，适合的才是最好的，对于普通用户 20 平方米左右的房间，30W 是足够的。

3．尽量选择有源音箱

有源音箱在重放声音等方面表现突出。无源音箱虽然比较便宜，但是没有功率放大电路，即使使用很好的声卡也得不到好的音响效果。

4．尽量选择木质音箱

低档塑料音箱因其箱体单薄无法克服谐振，所以没有音质可言。相较于塑料音箱，木质音箱降低了箱体谐振所造成的音染，音质普遍更好。此外，木质音箱能保证较好的清晰度和较小的失真度，故价格略贵。

1. 音响中的声道

音响中的声道是指一个记录产生一个波形还是两个波形，即一个记录产生的波形个数。例如，2.1声道和2声道已经构成了最简单的立体声，声音在录制过程中被分配到两个独立的声道中，从而达到很好的声音定位效果，这种技术在音乐欣赏中尤其有用，听众可以清晰地分辨出各种乐器的方向，从而使音乐更富想象力，更加接近于现场感受。其中".1"是指低音音箱，也叫作低音炮，用来播放分离的低频声音，在Dolby环绕中用来播放LFE声道。

2. 低音炮

低音炮严格地讲应该是重低音音箱。重低音其实是电子音乐中低音音乐的一个叫法。这个叫法源于创新，而"低音炮"这个乡土化特色的词语则是由麦蓝（现在的麦博）开创性地提出的。

对人耳可以分辨的音频解析而言，重低音音箱由重低音、低音、低中音、中音、中高音、高音、超高音等组成，有强化节奏的效果。

简单地讲，低音是声音的基本框架，中音是声音的血肉，高音是声音的细节反映。重低音喇叭由于发出的声音波长，会引起人耳的强烈震动，人的大脑、四肢、感官会感受得到，这就是震撼的感觉！从音响与家庭影院对音频节目源的需求来说，重低音只需在特定的节目源中存在，就可以使节目源的还原更加真实和充满热情，而缺少重低音会给人缺乏力量、能量和热情的感觉。例如，在电影院中，我们能够感受到飞机起飞时的那种震撼，但是如果家庭影院中没有配置重低音音箱或者配置得不合理，那么就无法感受这种震撼。

一、填空题

1. 无源音箱没有电源和音频_____。

2. 有源音箱必须使用外接电源，但这个"源"应理解为_____，而不是指电源。

3. 低音炮严格地讲应该是_____音箱。

4. 简单地讲，低音是声音的_____，中音是声音的血肉，高音是声音的_____反映。

5. _____是音箱设备放大后的有用的信号功率与设备自身噪声功率的比值，一般越大越好。

二、选择题

1．下列品牌中，市场上主流的音箱品牌有（　　　）。

   A．希捷   B．金士顿   C．漫步者   D．ATI

2．在选购音箱时，哪一项不属于需要重点关注的技术参数？（　　　）

   A．防磁屏蔽功能   B．失真度

   C．信噪比   D．颜色

3．在选购音箱时，并不是功率越大越好，需要依据空间大小来选购合适功率的音箱。一般来说，20 平方米的房子购置（　　　）功率的音箱就足够了。

   A．15W   B．30W   C．45W   D．45W

任务 13　认识与选购打印机

任务描述

打印机是常见的办公设备，对于日常办公有着不可替代的作用。本任务将充分讲解市场上常见的打印机种类，以及如何依据需要选购合适的打印机。

任务分析

市场上常见的打印机主要有针式打印机、喷墨打印机及激光打印机，本任务将依次对这3 种类型的打印机进行讲解。

- 针式打印机。
- 喷墨打印机。
- 激光打印机。

任务实施

打印机是将计算机的运行结果或中间结果打印在纸上的常用输出设备，利用打印机可以得到各种文字、图形和图像等信息。按采用的技术的不同，打印机可以分为针式打印机、喷墨打印机和激光打印机 3 种。激光打印机是目前市场上的主流产品。

Step 1：认识针式打印机

针式打印机作为典型的击打式打印机，曾经为打印机的发展做出不可磨灭的贡献，如图 13-1 所示。其工作原理是在打印头移动的过程中，色带将字符打印在对应位置的纸张上。

其优点是打印耗材便宜，同时适合打印有一定厚度的介质，比如银行专用存折等。当然，它的缺点也是比较明显的，不仅分辨率低，而且打印过程中会产生很大的噪声。如今，针式打印机已经退出了家用打印机市场，但许多办公场所特别是需要打印多联单的场所，如医院、银行、物流行业还是非常依赖于针式打印机的。

图 13-1　针式打印机

Step 2：认识喷墨打印机

喷墨打印机的工作原理并不复杂，那就是通过将细微的墨水颗粒喷射到打印纸上形成图形。按照工作方式的不同，喷墨打印机可以分为两类：一类是以 Canon 为代表的气泡式（Bubblejet）打印机，另一类是以 EPSON 为代表的微压电式（Micro Piezo）打印机。目前就整个彩色输出打印机市场而言，喷墨打印机依靠其出色的性价比，依然占据一席之地。喷墨打印机如图 13-2 所示。

墨盒是喷墨打印机的核心部件，用来存储打印所需的墨水。从组成结构来看，墨盒可以分为一体式墨盒和分体式墨盒。一体式墨盒将喷头集成在墨盒上，在墨水用完后更换一个新的墨盒，意味着同时更换一个新的喷头。由于喷头随着墨盒更换，因此打印质量不会因为喷头的磨损而下降。不过这种墨盒售价较高，增加了打印成本。分体式墨盒将喷

图 13-2　喷墨打印机

头和墨盒分开，设计这种结构的出发点主要是降低打印成本。因为喷头没有集成在墨盒上，所以在更换墨盒后，原来的喷头还可以继续使用，同时简化墨盒的拆装过程。但这种墨盒的缺点是喷头得不到及时更新，随着打印机使用时间的增加，打印质量会逐渐下降，喷头也会逐渐磨损。在分体式墨盒中，根据颜色的封装情况又可以分为单色墨盒和多色墨盒。单色墨盒是指每一种颜色独立封装，用完哪一种颜色换哪一种即可，不会造成浪费，如图 13-3 所示。多色墨盒是指将多种颜色封装在一个墨盒内，如果一种颜色用完了，即使其他几种颜色还有，

也必须把整个墨盒换掉，如图 13-4 所示。很显然，单色墨盒要更加经济一些。

图 13-3　单色墨盒

图 13-4　多色墨盒

Step 3：认识激光打印机

　　激光打印机如图 13-5 所示，其工作原理是，当调制激光束在图 13-6 所示的硒鼓上进行横向扫描时会使鼓面感光，从而带上负电荷，当鼓面经过带正电的墨粉时，感光部分会吸附墨粉并将墨粉印到纸上，纸上的墨粉经过加热熔化形成文字或图像。不难看出，激光打印机是通过电子成像技术完成打印的。激光打印机分为黑白激光打印机和彩色激光打印机两大类。精美的打印质量、低廉的打印成本、优异的工作效率及极高的打印负荷是黑白激光打印机最突出的特点，这也决定了它依然是当今办公打印市场的主流。尽管黑白激光打印机的价格相对喷墨打印机要高，功能也比多功能一体机少，可是从单页打印成本和打印速度等方面来看，它具有绝对的优势。随着 Internet 的发展，未来的黑白激光打印机将不再是一种简单的具有打印功能的独立外设产品，而是逐步发展成一种智能化、自动化的文件处理和输出终端设备。过去的彩色激光打印机一直面对的是专业领域，整机和耗材的价格都很高，这也是很多用户最终舍弃彩色激光打印机而使用彩色喷墨打印机的主要原因。彩色激光打印机拥有打印色彩逼真、安全稳定、打印速度快、寿命长、总体成本较低等特点。相信随着彩色激光打印机的发展和价格的下降，会有更多的企业和用户选择彩色激光打印机。

图 13-5　激光打印机

图 13-6　硒鼓

Step 4：打印机选购时的注意事项

在选购打印机时，需要从以下几个方面考虑。

1. 按需购买

用户应该根据自己的需求选择打印机，考虑因素包括打印幅面的大小和色彩能力等。如果是家庭使用，且打印的数量不太多，则可以购买便宜的喷墨打印机。最便宜的喷墨打印机只需要200元左右，而最便宜的激光打印机需要700元左右。此外，耗材及维护费用也是应该考虑的因素。如果是打印任务相对艰巨的中小型办公企业或用户，则应该为较高的月打印负荷量（10000页以上）和长寿命硒鼓（20000页以上）付出更多成本，因为这两项指标较高的机型其可靠性也较高，否则可能会经常卡纸，频繁更换硒鼓会大大降低打印效率，增加维护及整体打印成本。

2. 品牌

打印机的品牌很重要，市场上主流的品牌主要有惠普、佳能、爱普生、兄弟、联想、得力等。知名品牌的打印机质量有保证、售后服务好，一般保修时间为1年，全国联保，维修网点多，而且耗材容易购买。

3. 性能指标

在购买打印机时，应仔细对照说明书，查看各项指标。价格相同的不同品牌的产品，在性能指标上可能有很大的差别。

知识链接

打印机的性能指标

1. 打印速度

打印速度是衡量打印机性能的重要指标之一。打印速度的单位用ppm（papers per minute，即页/分钟）表示。以A4纸为例，最便宜的喷墨打印机打印黑白字符的速度能达到20ppm，打印彩色字符的速度为15ppm。最便宜的黑白激光打印机的打印速度可以达到16ppm，而一些高端黑白激光打印机的打印速度可以达到60ppm。

2. 首页打印时间

首页打印时间英文名称为First Print Out，简称FPOT。首页打印时间指的是在打印机接收到打印命令后，多长时间可以打印输出第一页内容。打印的页数越少，首页打印时间在整个打印完成时间中所占的比重就越大。

3. 分辨率

分辨率是打印机的另一个重要的性能指标，单位是 dpi（dots per inch，即点／英寸），表示每英寸所打印的点数。分辨率越大，打印精确度就越高。当前普通喷墨打印机的分辨率都在 4800 像素 × 1200 像素以上，普通激光打印机的分辨率均在 600 像素 × 600 像素以上。

4. 缓存容量

打印机在打印时，要先将打印的信息存储到缓存中，再进行后台打印，又称脱机打印。缓存容量越大，存储的数据越多，所以缓存容量对打印机的速度有很大影响。

5. 墨盒颜色数量

墨盒颜色数量的多少意味着打印机颜色精确度的高低。现在彩色喷墨打印机的墨盒有四色、五色、六色和八色等，四色墨盒的颜色为品红、黑色、蓝色、黄色，五色墨盒的颜色为黑色、蓝色、黄色、品红、黑色相片。四色墨盒和五色墨盒都是现在的主流墨盒。墨盒颜色数量越多，打印机的打印效果越好，但是价格也越贵。

6. 硒鼓寿命和月打印负荷

硒鼓寿命指的是激光打印机硒鼓可以打印的纸张数量。可打印的纸张量越大，硒鼓的使用寿命越长。激光打印机的打印能力指的是打印机所能负担的最高打印限度，一般设定为每月最多打印多少页，即月打印负荷。如果经常超过月打印负荷，打印机的使用寿命会大大缩短。激光打印机的硒鼓寿命一般能达到 1500 页以上，月打印负荷能达到 5000 页以上。

作业布置

一、填空题

1. 打印机是将计算机的运行结果或中间结果 _____ 的常用输出设备。

2. 打印速度是衡量打印机性能的重要指标之一。打印速度的单位用 _____（papers per minute，即页／分钟）表示。

3. 分辨率是打印机的另一个重要的性能指标，单位是 _____（dots per inch，即点／英寸），表示每英寸打印的点数。

4. 一般激光打印机的硒鼓寿命都能达到 _____ 页以上，月打印负荷能达到 _____ 页以上。

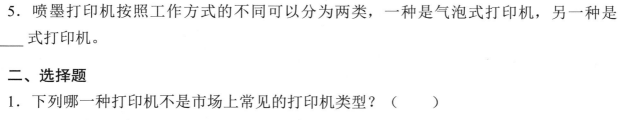

5．喷墨打印机按照工作方式的不同可以分为两类，一种是气泡式打印机，另一种是_____式打印机。

二、选择题

1．下列哪一种打印机不是市场上常见的打印机类型？（　　　）

    A．针式打印机　　　　　　　　B．喷墨打印机

    C．激光打印机　　　　　　　　D．彩色打印机

2．下列哪一项不是选购打印机时需要重点考虑的性能指标？（　　　）

    A．打印速度　　　　　　　　　B．品牌

    C．分辨率　　　　　　　　　　D．首页打印时间

3．下列哪一个不是市场上主流的打印机品牌？（　　　）

    A．惠普　　　　　B．佳能　　　　　C．罗技　　　　　D．爱普生

第二部分
计算机组装

计算机的组装

能力目标

☑ 能进行计算机的组装与相关硬件的配置。

素质目标

☑ 具有一定的创新精神。

☑ 培养团队协作的能力。

思政目标

☑ 养成在工作中仔细、认真的态度，培养工匠精神。

☑ 进一步树立为中华民族伟大复兴而奋斗的信念。

任务 14 组装前的准备

任务描述

在组装计算机之前进行适当的准备是十分必要的，充分的准备工作可以确保组装过程的顺利完成，以及组装的效率与质量。本任务要为组装计算机做充分的准备。

任务分析

准备组装工具并将其放置在工作台上，同时了解组装计算机的通用流程及组装过程中需要注意的事项。

任务实施

Step 1：组装工具

在组装计算机时需要用到一些工具来完成硬件的安装和检测，如十字螺丝刀、尖嘴钳和镊子。对初学者来说，有些工具可能不会涉及，但在计算机维护的过程中可能会用到，如清洁剂、皮老虎（又称皮撅子）、毛刷及小毛巾等。

1. 十字螺丝刀

十字螺丝刀是计算机组装与维护过程中使用最频繁的工具，其主要功能是安装和拆卸各计算机部件之间的固定螺丝。由于计算机各部件的固定螺丝都是十字接头的，因此常用的螺丝刀是十字螺丝刀，如图 14-1 所示。

2. 尖嘴钳

尖嘴钳经常用来拆卸半固定的计算机部件，如机箱中的主板支撑架和挡板等，如图 14-2 所示。

图 14-1　十字螺丝刀

图 14-2　尖嘴钳

3. 镊子

由于计算机机箱的内部空间较小，因此在安装各种硬件的过程中一旦需要调整线缆位置或有小物件掉入，就需要使用镊子进行取物操作，如图 14-3 所示。

4. 清洁剂、毛刷、小毛巾

清洁剂用于清洁一些重要硬件如显示器屏幕上的顽固污垢。毛刷和小毛巾用于清洁硬件表面的灰尘。清洁剂、毛刷、小毛巾如图 14-4 所示。

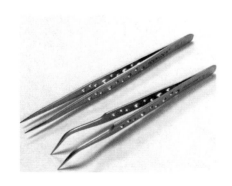

图 14-3　镊子

图 14-4　清洁剂、毛刷、小毛巾

5. 皮老虎

皮老虎用于清洁机箱内部各硬件或间隔处不易清除的灰尘，如图 14-5 所示。

图 14-5　皮老虎（皮掀子）

Step 2：了解装机的主要流程

在组装计算机之前还应该梳理组装的流程，虽然各种计算机的组装都不相同，但其主要流程具有可参考的共性。

（1）安装机箱内部的各种硬件，主要步骤如下。

- 安装电源。
- 安装 CPU 和散热风扇。
- 安装内存。
- 安装主板。
- 安装显卡。
- 安装其他硬件如声卡、网卡。
- 安装硬盘。
- 安装光驱。

（2）连接机箱内的各种线缆，主要步骤如下。

- 连接主板电源线。
- 连接硬盘数据线和电源线。
- 连接光驱数据线和电源线。
- 连接内部控制线和信号线。

（3）连接主要的外部设备，主要步骤如下。

• 连接显示器。

• 连接键盘和鼠标。

• 连接音箱。

• 连接主机电源。

Step 3：了解装机时的注意事项

在开始组装计算机前，需要了解一些注意事项，包括以下几点。

（1）通过洗手或触摸接地金属的方式释放身上所带的静电，防止静电对电脑硬件产生损害。有些人认为在装机时，只需释放一次静电即可，其实这种观点是错误的。因为在组装计算机的过程中，手和各个部件不断地摩擦也会产生静电，所以建议多次释放静电。

（2）在拧螺丝时不能拧太紧，拧紧后应该往反方向拧半圈。

（3）各种硬件要轻拿轻放，特别是硬盘。

（4）在插入板卡时一定要对准插槽均衡向下用力，并且要插紧；在拔出板卡时不能左右摇晃，要均衡用力垂直拔出，不能盲目用力，以免损坏板卡。

（5）在安装主板、显卡和声卡等部件时应保证动作平稳并将其固定牢靠。对于主板，最好安装绝缘垫片。

知识链接

机箱静电

在用手触摸机箱的时候，可能会被狠狠地电一下，这是静电在起作用，不仅如此，静电还可能会击穿板卡、内存上的芯片，在不经意间造成很大的损失，所以要针对机箱做好防静电措施。

高温、干燥的室内是产生电荷的高危地带，空气湿度小，化纤衣物、地毯、坐垫等受到摩擦都会产生静电。在静电聚集并达到一定的电压后就会释放，发生"触电"现象。当用户的手直接和机箱内的板卡、内存的芯片接触时，静电会瞬间从芯片的某个引脚窜入内部电路，烧断其中的晶体管和金属连线，造成看不见的损害。

在打开机箱之前，需要先将手上的静电释放，如接触门把手、自来水管等金属物体或者墙壁、湿毛巾，将体内的静电释放出去。最好的办法就是洗手，这样静电就会随水流走，擦干手再去打开机箱。

在机箱内部，电源也会产生大量的静电，特别是一些配置偷工减料的劣质电源的电容。静电由于无处释放，就会窜入电源外部的机箱，因此机箱必须接地。这时就需要使用带有地线的电源排插。在装机的时候，很多用户习惯向商家索要一个排插作为赠品，商家提供的大多不是高价、优质的产品，于是很多廉价、劣质的排插被用在了电脑的电源入口端。如果这些劣质排插省掉了连接地线，则静电无法通过地线释放。

用户可以自己为机箱搭建这条接地线。首先找来一条电线，剥开两头露出铜丝；然后将一头绕在机箱的金属螺丝上，拧紧螺丝，将另外一头绑在自来水水管、暖气管或者铝合金窗上（保证它们和大地相接），即可防静电了。需要注意的是，不要把接地线绑在煤气管道上，因为静电产生的电火花可能会引起煤气爆炸，那是十分危险的。

作业布置

一、填空题

1. ＿＿＿＿＿＿＿＿＿＿ 是计算机组装与维护过程中使用最频繁的工具，其主要功能是安装或拆卸各计算机部件之间固定的十字螺丝。

2. ＿＿＿＿＿＿＿＿＿＿ 经常用来拆卸一些半固定的计算机部件。

3. 由于计算机机箱的内部空间较小，在安装各种硬件的过程中一旦需要调整线缆位置或有小物件掉入，可能就需要使用 ＿＿＿＿＿＿＿＿＿＿ 进行取物操作。

4. 在安装配件拧螺丝时，不能拧得太紧，拧紧后应该往 ＿＿＿＿＿＿＿＿＿＿ 方向拧半圈。

5. 在插入板卡时一定要对准插槽均衡向下用力，并且要插紧；在拔出板卡时不能＿＿＿＿＿＿＿＿＿＿，要均衡用力并垂直插拔，更不能 ＿＿＿＿＿＿＿＿＿＿，以免损坏板卡。

二、选择题

1. 下列哪一项不属于要安装在计算机内部的硬件？（　　　）

　　A．内存　　　　　B．移动硬盘　　　　C．硬盘　　　　　D．CPU 和散热风扇

2. 下列哪一项不是计算机的外部设备？（　　　）

　　A．显示器　　　B．显卡　　　　C．音箱　　　　D．摄像头

3. 在计算机组装的准备工作中，下列哪一项描述是错误的？（　　　）

　　A．在装机时，只需释放一次静电即可

　　B．在拧螺丝时，不能拧得太紧，拧紧后应往反方向拧半圈

　　C．各种硬件要轻拿轻放，特别是硬盘

　　D．在安装主板、显卡和声卡等部件时应保证动作平稳，并将其固定牢靠。对于主板，最好安装绝缘垫片

任务 15 组装计算机

-------------- /////////// 任务描述 /////////// --------------

在购置完所有的硬件并完成了装机前的准备后，本任务要完成台式机的组装。

-------------- /////////// 任务分析 /////////// --------------

完成台式机的组装，一般有以下操作步骤。

- 安装主板与 CPU。
- 安装内存。
- 安装硬盘。
- 安装主板与电源。
- 连接各部件。
- 安装独立显卡。

任务实施

Step 1：安装主板与 CPU

首先，将主板上 CPU 插槽的压杆打开，如图 15-1 所示。CPU 与 CPU 插槽均有保护缺口，如果 CPU 放置错误，则无法进行安装。然后，找到 CPU 对应的主板缺口，放入 CPU，即可完成安装，如图 15-2 所示。

图 15-1 打开 CPU 压杆

图 15-2 安装 CPU

在确定 CPU 被正确安装后，将压杆拉回原处，这个时候黑色塑料上盖会自动弹开，如图 15-3 所示。

Intel 和 AMD 平台处理器的散热器安装略有不同，本任务的目标是安装 Intel 处理器。

下面以 Intel 处理器的散热器为例进行讲解。

图 15-3 固定 CPU

CPU 散热器也是需要供电的，将 CPU 散热器 4Pin 供电线插入主板的 CPU_FAN 接口，由于接口处有保护设计，因此方向反了则无法插入。一般主板上都有标注"CPU_FAN"。

Step 2：安装内存

内存的安装十分简单。将内存插槽一边的卡扣往外掰开，插入内存条即可。内存条也是有保护缺口的，方向反了是插不进去的。

Step 3：安装硬盘

机械硬盘如图 15-4 所示，将其固定到机箱的硬盘上，并等待连线，如图 15-5 所示。

图 15-4 机械硬盘　　　　　　　　　　　　　图 15-5 固定机械硬盘

如今 M.2 接口的固态硬盘逐渐成为主流。与传统的 SATA 接口的固态硬盘或机械硬盘不同，M.2 接口的固态硬盘与内存类似，直接安装在主板的 M.2 接口上。M.2 固态硬盘的安装方法非常简单，先找到主板盒子中附送的 M.2 固态螺丝，拿出固态的铜螺柱；再找到对应的安装位置，如图 15-6 所示，拧上对应的螺丝，固定固态硬盘，如图 15-7 所示，固态硬盘安装完毕。

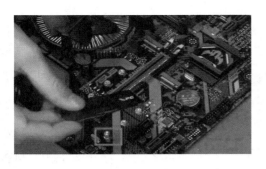

图 15-6　固态硬盘的安装位置　　　　　　　　　　图 15-7　固定固态硬盘

Step 4：安装主板与电源

至此主板已经成功安装了 CPU、CPU 散热器、内存、M.2 固态硬盘，接下来将机箱的两个侧板卸下，找到固定机箱侧板的螺丝并将其拧下来，这个步骤十分花费时间。找到主板盒子中的金属挡板，将其正确安装到机箱后面的空缺位置上，并从里往外推。若从外面可以看到金属挡板的所有触点，则说明安装正确，如图 15-8、图 15-9 所示。

图 15-8　机箱背部挡板　　　　　　　　　　　图 15-9　挡板安装正确

使用机箱中附带的小号螺丝固定主板，机箱上的铜螺柱与主板的孔位对应，拧上所有螺丝，一般有 6 颗螺丝，如图 15-10 所示。有些机箱的铜螺柱是需要对应主板的孔位自行安装的，如 ATX 机箱的主板在安装时需要调整铜螺柱的位置，与主板的六个孔位对应。由于这款机箱是下置电源，因此在安装电源的时候，需要将电源的风扇往下安装，如图 15-11 所示。随后固定 4 个角的螺丝即可。

图 15-10　固定主板　　　　　　　　　　　　图 15-11　安装电源

Step 5：连接各部件

找到电源上的 CPU 供电接口，一般接口上会标注"CPU"，由于走背线的原因，需要将接线从机箱背部的孔位中穿过。将电源上的 CPU 供电接口插入主板的 CPU 供电接口插槽，为 CPU 进行供电。

找到 24Pin 供电线，继续将其从机箱背部的孔位中穿过，并插入主板上对应的 24Pin 供电接口插槽，完成主板的供电。该供电接口和 CPU 供电接口一样，都是有保护设计的。

对新手来说，由于主板跳线数量多且体积小，因此主板跳线是难点，但只要理清思路，逐条接线就不难。找到 USB 3.0 接口和 USB 2.0 接口以及 Audio 音频接口，插到主板对应的接口插槽上。这些接口均有保护设计。主板上有各部件对应接口的标注，如图 15-12 所示。

机箱跳线是计算机组装过程中最难的一部分，不过主板上是有标注的，但是没有保护设计，因此需要区分正、负极，"+"为正极，"-"为负极。在插入接口的时候要注意，负极在右边，正极在左边，如图 15-13 所示。

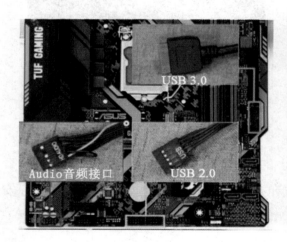

图 15-12　各部件的主要接口

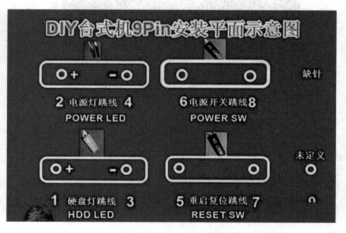

图 15-13　跳线示意图

机箱跳线代表的意义如下。

- POWER LED 代表电源指示灯。
- HDD LED 代表硬盘指示灯。
- POWER SW 代表电源开关。
- RESET SW 代表重启。

如果所有跳线上有字的一面都是对着主板外面的，则说明正、负极的安装是正确的。所有机箱跳线安装完成之后如图 15-14 所示。

图 15-14 安装完成后的跳线图

Step 6：安装独立显卡

如果没有独立显卡则可以跳过这步。在安装显卡之后，根据显卡的情况扳断机箱的两个可活动挡片，这款显卡需要两个挡片的位置，如图 15-15 所示。随后将独立显卡正确插入主板的 PCI-E 插槽。

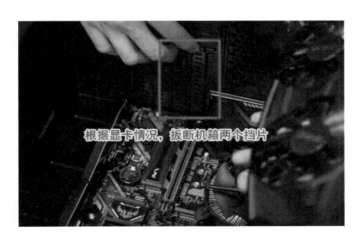

图 15-15 显卡卡口位置

在将显卡对准 PCI-E 插槽之后，将显卡往下按，直到显卡的金手指部分完全插入 PCI-E 显卡插槽，则说明独立显卡完成安装。随后使用两个大号螺丝对显卡进行固定。

如果独立显卡上有供电接口插槽，则这款独立显卡需要外接供电。入门级的独立显卡一般无须外接供电。找到电源上的 PCI-E 显卡供电接口，一般接口上会标注"PCI-E"，将接线从机箱背部的孔位中穿过，并将 PCI-E 供电接口插入显卡上的供电插槽，连接显卡完成供电。如果 PCI-E 供电接口是 6Pin 或者 8Pin 的，而独立显卡供电插槽是 4Pin 的，则需要将 PCI-E 供电接口分离并插入。

知识链接

组装计算机时的注意事项

1. 防静电

计算机的部件是高度集成的电子元器件，人身上的静电有可能损坏电子元器件，因此在开始组装之前应该先消除身上的静电，最简单的方法是用手摸一下自来水管或其他金属外壳。

2. 禁止带电操作

在主板通电的情况下，插拔主板上各种扩展卡（声卡、显卡和网卡等）会引起人眼看不见的电火花，严重时会造成短路而使部件永久性损坏，因此要严格禁止带电插拔包括CPU、内存和各种扩展卡在内的部件。

3. 对部件轻拿轻放

计算机的部件是非常脆弱的电子元器件，在安装时要拿好，尽量不要捏板卡上的元器件、印制线路和引脚，也不要随意放置，尤其不要让其掉下来，强度不大的冲击都可能会损坏部件。例如，硬盘内的磁头悬浮在盘片之间，在冲击作用下，磁头可能会划伤盘片表面，从而引起硬盘坏区等问题。

4. 控制力度

在用螺丝刀紧固螺丝时应做到适可而止，不可用力过猛，防止损坏板卡上的元器件。

作业布置

一、填空题

1. 在安装 CPU 时，CPU 与 CPU 插槽均有保护 _____，如果放置错误则不能安装。电脑内存条也有保护 _____，如果放置错误则不能安装。

2. CPU 散热器的供电线是 _____Pin 供电线。

3. M.2 固态硬盘与内存类似，直接安装在主板上的 _____ 接口上。

4. 机箱跳线一般会在主板位置上有简易标识，一般 POWER SW 代表 _____，RESET SW 代表 _____。

5. 在开始组装计算机之前应该先消除身上的静电，最简单的方法是用手摸一下自来水管或 _____ 等设备。

二、选择题

1. 下列对于机箱跳线的英文标识解读错误的是（　　　）。

　　A．POWER LED 代表电源开关　　　　B．HDD LED 代表硬盘指示灯

　　B．POWER SW 代表主机开关　　　　　D．RESET SW 代表重启

2. 在进行计算机组装时，下面的哪一句描述是不正确的？（　　　）

　　A．CPU 与 CPU 插槽均有保护缺口，如果 CPU 放置错误，则无法进行安装

　　B．CPU 散热器的供电线是 4Pin 供电线，只能插入到主板的 CPU_FAN 接口上

　　C．电脑内存条也是有保护缺口的，放置的方向反了是插不进去的

　　D．M.2 固态硬盘与内存类似，直接安装在主板上的内存接口上即可

3. 下列关于组装计算机的注意事项中，哪一项是不正确的？（　　　）

　　A．在开始组装之前应该先消除身上的静电

　　B．现在的主板都有短路保护，可以在主板通电的情况下，插拔主板上的各种扩展卡

　　C．轻拿轻放所有部件

　　D．在用螺丝刀紧固螺丝时应做到适可而止，不可用力过猛，防止损坏板卡上的元器件

BIOS 设置

能力目标

✍ 提高在工作中遇到问题时查阅英文资料的能力。

素养目标

✍ 具有发现、分析、解决一定的技术问题的能力。

思政目标

✍ 养成迎难而上、不屈不挠的钻研精神。

✍ 进一步树立为中华民族伟大复兴而奋斗的信念。

任务 16　BIOS 参数设置

////////// **任务描述** //////////

本任务的目标是适当地设置机器硬件的 BIOS 参数，为后续安装操作系统做准备。

////////// **任务分析** //////////

BIOS 系统的参数非常多，初学者在安装操作系统时只需要了解系统信息以及最主要的引导参数设置即可。不同主板的 BIOS 设置界面并不相同，但基础设置及原理相同，了解其一便可触类旁通。

任务实施

Step 1：进入 BIOS 设置界面

在开启电源后，开机 Logo 如图 16-1 所示。按 <Del> 键进入 BIOS 设置界面。

———— 功能键

图 16-1 开机 Logo

BIOS 设置界面中的功能键说明如下。

<DEL>：BIOS SETUP\Q-FLASH

按 <Del> 键进入 BIOS 主界面，或通过 BIOS 设定程序进入 Q-Flash。

<F9>：SYSTEM INFORMATION

按 <F9> 键显示系统信息。

<F12>：BOOT MENU

Boot Menu 功能可以使用户无须进入 BIOS 设定程序就能设定第一优先开机设备。首先按 <h> 或 <i> 键选择要作为第一个优先开机的设备，然后按 <Enter> 键确认。系统会直接由所设定的设备开机。

<END>：Q-FLASH

按 <END> 键，无须进入 BIOS 设定程序就能直接进入 Q-Flash。

注意：在此界面中做的设定只适用于这次开机。重新开机后系统仍会以 BIOS 设定程序内的开机顺序为主。

Step 2：查看 BIOS 信息

BIOS 主界面如图 16-2 所示。

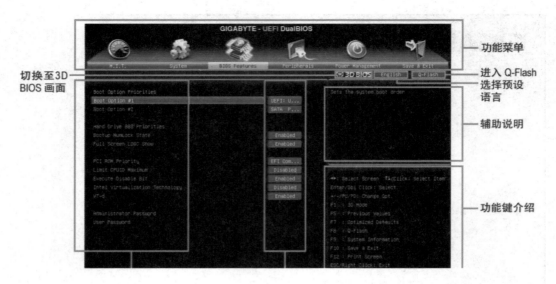

图 16-2　BIOS 主界面

一、使用键盘查看 BIOS 信息

在进入 BIOS 主界面后，用户无法使用鼠标进行操作，只能依赖于键盘操作。键盘的主要按键及其功能如下。

< ← >、< → >：向左或向右移动光标，选择功能菜单。

< ↑ >、< ↓ >：向上或向下移动光标，选择设定项目。

<Enter>：确定选项设定值或进入功能菜单。

<+>、<Page Up>：改变设定状态或增加选项中的数值。

<->、<Page Down>：改变设定状态或减少选项中的数值。

<F1>：切换至 3D BIOS 画面。

<F5>：载入该画面原先所有的项目设定（仅适用于子菜单）。

<F7>：载入该画面的最佳预设（仅适用于子菜单）。

<F8>：进入 Q-Flash。

<F9>：显示系统信息。

<F10>：是否储存设定并退出 BIOS 设定程序。

<F12>：截取当前画面，并自动存至 USB 中。

<ESC>：退出当前画面，或从主画面中退出 BIOS 设定程序。

二、功能菜单

功能菜单中的选项说明如下。

• M.I.T.

"M.I.T." 选项用于提供调整 CPU、内存等的频率、倍频、电压并显示系统、CPU 自动检测到的温度、电压及风扇转速等信息。

• System

"System"选项用于调整 BIOS 设定程序的预设，显示语言、系统日期/时间，以及检视目前连接至 SATA 接口的设备信息。

• BIOS Features

"BIOS Features"选项用于设置开机设备的优先顺序、CPU 高级功能及开机显示设备等。

• Peripherals

"Peripherals"选项用于设置所有的周边设备，如 SATA、USB、内建音频及内建网络等。

• Power Management

"Power Management"选项用于设定系统的省电功能运行方式。

• Save & Exit

"Save & Exit"选项用于储存已变更的设定值至 CMOS 中并退出 BIOS 设定程序，或将设定好的 BIOS 值储存成一个 CMOS 设定文件（Profile）。选择"Load Optimized Defaults"选项可以载入 BIOS 的最佳预设。

三、功能菜单的参数设置

由于 BIOS 的参数较多，下面仅介绍主要功能区的参数设置。

1. M.I.T.

（1）M.I.T. Current Status。

选择"M.I.T."选项，在第一个界面中可以清楚地看到 BIOS 的版本、CPU 基频、CPU 时钟、内存时钟、内存总容量、CPU 温度、Vcore 和内存电压的相关信息，如图 16-3 所示。

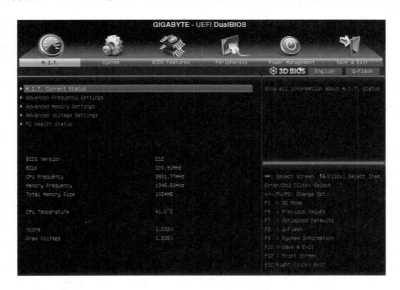

图 16-3 "M.I.T. Current Status"界面

（2）Advanced Frequency Settings。

选择"Advanced Frequency Settings"选项，界面如图 16-4 所示。

图 16-4　"Advanced Frequency Settings"界面

• CPU/PCIe Base Clock

选择"CPU/PCIe Base Clock"选项，用户可以一次以 0.01 MHz 为单位调整 CPU 的基频及 PCIe 前端总线频率。（预设值：Auto。）

强烈建议依照处理器规格来调整处理器的频率。

• Internal Graphics Clock

此选项用于调整内建显示功能的频率，设定范围为 400 MHz ~ 1600 MHz。（预设值：Auto。）

• CPU Clock Ratio

此选项用于调整 CPU 的倍频，设定范围依据 CPU 种类自动检测。

• CPU Frequency

此选项用于显示目前 CPU 的运行频率。

（3）Advanced CPU Core Features。

选择"Advanced CPU Core Features"选项，界面如图 16-5 所示。

• CPU Clock Ratio、CPU Frequency

以上两个选项的设定值与"Advanced Frequency Settings"界面中的部分选项是同步的。

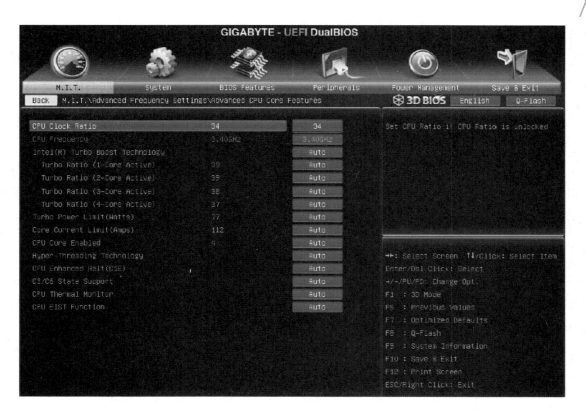

图 16-5　"Advanced CPU Core Features"界面

- Intel(R) Turbo Boost Technology

此选项用于选择是否启动 Intel CPU 加速模式。若将其设置为"Auto"，则 BIOS 会自动设定此选项。（预设值：Auto。）

- Turbo Ratio (1-Core Active ～ 4-Core Active)

此选项用于调整不同数目的 CPU 核心开启时的加速比率，可以依据 CPU 设定范围。（预设值：Auto。）

- Turbo Power Limit (Watts)

此选项用于设定 CPU 在加速模式下的功耗极限。当 CPU 耗电量超过设定的数值时，CPU 会自动降低核心运行频率，以减少耗电量。若将其设定为"Auto"，则 BIOS 会依据 CPU 规格设定此选项。（预设值：Auto）

- Core Current Limit (Amps)

此选项用于设定 CPU 在加速模式下的电流极限。当 CPU 电流超过设定的数值时，CPU 会自动降低核心运行频率以降低电流。若将其设定为"Auto"，则 BIOS 会依据 CPU 规格设定此选项。（预设值：Auto。）

- CPU Core Enabled

此选项用于选择在使用多核心技术的 Intel CPU 时，是否启动全部的 CPU 核心。若将其设定为"Auto"，则 BIOS 会自动设定此选项。（预设值：Auto。）

• Hyper-Threading Technology

此选项用于选择是否在使用具备超线程技术的 Intel CPU 时，启动 CPU 超线程功能。此选项只适用于支持多处理器模式的操作系统。若将其设定为"Auto"，则 BIOS 会自动设定此选项。（预设值：Auto。）

• CPU Enhanced Halt (C1E)

此选项用于选择是否启动 Intel CPU Enhanced Halt (C1E)（系统闲置状态下的 CPU 节能功能）。开启此选项可以让系统在闲置状态下降低 CPU 时钟及电压，以减少耗电量。若将其设定为"Auto"，则 BIOS 会自动设定此选项。（预设值：Auto。）

• C3/C6 State Support

此选项用于选择是否让 CPU 进入 C3/C6 状态。开启此选项可以让系统在闲置状态下降低 CPU 时钟及电压，以减少耗电量。此选项将进入比 C1 状态更深层的省电模式。若将其设定为"Auto"，则 BIOS 会自动设定此选项。（预设值：Auto。）

• CPU Thermal Monitor

此选项用于选择是否启动 Intel Thermal Monitor（CPU 过温防护功能）。启动此选项可以在 CPU 温度过高时降低 CPU 时钟及电压。若将其设定为"Auto"，则 BIOS 会自动设定此选项。（预设值：Auto。）

• CPU EIST Function

此选项用于选择是否启动 Enhanced Intel SpeedStep Technology（EIST）。EIST 能够根据 CPU 的负荷情况，有效地调整 CPU 的频率及核心电压，以减少耗电量及热能。若将其设定为"Auto"，则 BIOS 会自动设定此选项。（预设值：Auto。）

• Extreme Memory Profile (X.M.P.)

在开启此选项后，BIOS 不仅可以读取 XMP 规格内存条中的 SPD 信息，还可以强化内存性能。设置 Disabled 可以关闭此选项。

• System Memory Multiplier

此选项用于调整内存的倍频。若将其设定为"Auto"，则 BIOS 将依据内存 SPD 信息自动设定此选项。（预设值：Auto。）

• Memory Frequency (MHz)

此选项第一个数值为安装的内存时钟，第二个数值依据"System Memory Multiplier"选项而定。

2. System

该选项主要用于显示 CPU、内存、主板型号及 BIOS 版本等信息。在该选项对应的界面中可以选择 BIOS 设定程序所使用的语言和系统时间，如图 16-6 所示。

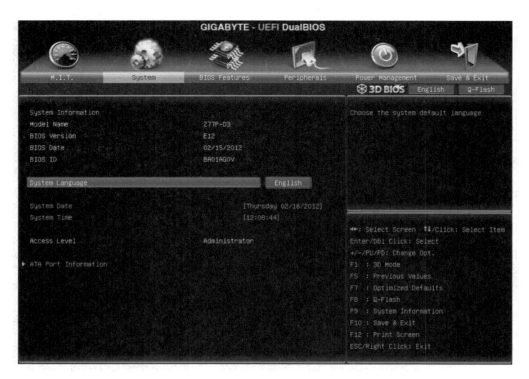

图 16-6　"System"界面

- System Language

此选项用于选择 BIOS 设定程序所使用的语言。

- System Date

此选项用于设定电脑系统的日期，格式为"星期（仅供显示）　月 / 日 / 年"。若要切换至"月""日""年"选项，则可以使用 <Enter> 键，并使用 <Page Up> 或 <Page Down> 键切换至所要的数值。

- System Time

此选项用于设定电脑系统的时间，格式为"时 : 分 : 秒"。例如，下午一点显示为"13:0:0"。若要切换至"时""分""秒"选项，则可以使用 <Enter> 键，并使用 <Page Up> 或 <Page Down> 键切换至所要的数值。

- Access Level

依照登录的密码显示当前用户的权限（若没有设定密码，则显示"Administrator"）。拥有管理员（Administrator）权限的用户可以修改所有 BIOS 设定，只有用户（User）权限的用户仅允许修改部分 BIOS 设定。

3. BIOS Features

在图 16-7 所示的"BIOS Features"界面中，与安装系统关联最为密切的设置是开机引导顺序。

图 16-7 "BIOS Features"界面

• Boot Option Priorities

此选项用于在已连接的设备中设定开机顺序，系统会依照此顺序进行开机。如果将硬盘设为第一开机设备（Boot Option #1），光驱设为第二开机设备（Boot Option #2），则清单只列出被设为第一顺序的设备。例如，只有在"Hard Drive BBS Priorities"选项中被设为第一开机设备的硬盘才会出现在清单中。用户在安装支持 GPT 格式的可卸除式存储设备时，该设备前方会注明"UEFI"，若想由支持 GPT 磁盘分割的设备开机，则可以选择注明"UEFI"的设备；若想安装支持 GPT 格式的操作系统，如 Windows 7 64-bit，则可以选择 Windows 7 64-bit 安装光盘并注明"UEFI"的设备。

• Hard Drive/CD/DVD ROM Drive/Floppy Drive/Network Device BBS Priorities

这些选项用于设定各类型设备（包含硬盘、光驱、软驱及支持网络开机的设备）的开机顺序。按 <Enter> 键即可进入各类型设备的子菜单，子菜单会列出所有已安装设备。这些选项只有在至少安装一组设备时才会出现。

• Bootup NumLock State

此选项用于设定开机时键盘上 <Num Lock> 键的状态。（预设值：Enabled。）

• Full Screen LOGO Show

此选项用于选择是否在开机时显示品牌 Logo。若将其设定为"Disabled"，则在开机时将不显示 Logo。（预设值：Enabled。）

• PCI ROM Priority

此选项用于调整 Option ROM 顺序，包含"Legacy ROM"及"EFI Compatible ROM"。（预设值：EFI Compatible ROM。）

• Intel Virtualization Technology

此选项用于选择是否启动 Intel Virtualization Technology（Intel 虚拟化技术）。Intel 虚拟化技术可以让用户在同一平台的独立数据分割区中执行多个操作系统和应用程序。（预设值：Disabled。）

• VT-d

此选项用于选择是否启动 Intel Virtualization for Directed I/O。（预设值：Enabled。）

注：此选项仅开放给支持此功能的 CPU，若需要更多 Intel CPU 技术的详细数据，请至 Intel 官方网站查询。

• Administrator Password

此选项用于设定管理员的密码。选择此选项，按 <Enter> 键，输入要设定的密码，BIOS 会要求再输入一次以确认密码，再次按 <Enter> 键。在设定完成后，开机时必须输入管理员或用户密码才能进入开机程序。与用户密码不同的是，管理员密码允许用户进入 BIOS 设定程序并修改所有设定。

• User Password

此选项用于设定用户的密码。选择此选项，按 <Enter> 键，输入要设定的密码，BIOS 会要求再输入一次以确认密码，再次按 <Enter> 键。在设定完成后，开机时必须输入管理员或用户密码才能进入开机程序。用户密码仅允许用户进入 BIOS 设定程序并修改部分设定。

4．Save & Exit

"Save & Exit"界面如图 16-8 所示。

• Save & Exit Setup

选择此选项，按 <Enter> 键，单击"Yes"按钮即可储存所有设定值并退出 BIOS 设定程序。若不想储存设定值，则单击"No"按钮或按 <Esc> 键回到主界面。

• Exit Without Saving

选择此选项，按 <Enter> 键，单击"Yes"按钮，BIOS 将不会储存此次修改的设定值，并退出设定程序。单击"No"按钮或按 <Esc> 键即回到主界面。

• Load Optimized Defaults

选择此选项，按 <Enter> 键或单击"Yes"按钮，即可载入 BIOS 出厂预设。设定此选项可以载入 BIOS 的最佳预设，以充分发挥主板的运行性能。在更新 BIOS 或清除 CMOS 数据后，请务必设定此选项。

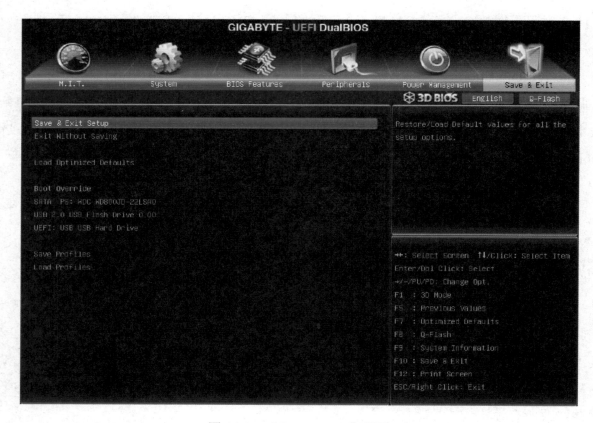

图 16-8　"Save & Exit" 界面

Step 3：完成相关设置

在安装操作系统时，最重要的 BIOS 设置是在 BIOS 功能菜单中选择正确的介质引导，可以依据安装介质的具体情况进行设定。例如，在 "BIOS Features" → "Boot Option Priorities" 选项中选择 "DVD ROM Drive" 为第一开机设备，并在 "Save & Exit" 选项中进行存盘、退出操作。

知识链接

1. BIOS

BIOS 是 Basic Input Output System 的缩写，直译为中文是 "基本输入输出系统"。其实，它是一组固化到计算机主板的 ROM 芯片上的程序，保存着计算机最重要的基本输入输出程序、开机后自检程序和系统自启动程序，可以从 CMOS 中读写系统设置的具体信息。它的主要功能是为计算机提供底层的、最直接的硬件设置和控制。

2. CMOS

CMOS 是 Complementary Metal Oxide Semiconductor（互补金属氧化物半导体）的缩写。它指的是制造大规模集成电路芯片用的技术或用这种技术制造出来的芯片，是电脑主板上的一块可读写的 RAM 芯片。因为其可读写的特性，所以用来保存在进行 BIOS 设置后的硬件数据，即这个芯片仅用来存放数据。

作业布置

一、填空题

1．BIOS 是 Basic Input Output System 的缩写，直译为中文是 _____。

2．CMOS 是 Complementary Metal Oxide Semiconductor（_____）的缩写。它是计算机主板上的一块可读写的 RAM 芯片。因为其可读写的特性，所以在计算机主板上用来保存在进行 BIOS 设置后的硬件数据，即这个芯片仅用来存放数据。

3．如果希望使用光盘安装操作系统，则需要在"BIOS Features"→"Boot Option Priorities"选项中选择第一开机设备为 _____。

4．"VT-d"（_____）选项用于选择是否启动 Intel Virtualization for Directed I/O（虚拟化技术）。

5．在许多计算机中可以看到电源开启后的开机 Logo，此时可以按 _____ 键或者 <F1> 键进入 BIOS 设置界面。

二、选择题

1．下列对于 BIOS 各功能键描述错误的是（　　　）。

　　A．按 <Del> 键进入 BIOS　　　　　　B．按 <F10> 键存盘并退出

　　C．按 <F12> 键进入 BOOT MENU　　D．按 <F9> 键显示系统信息

2．下列对于功能菜单的英文和中文翻译存在错误的是（　　　）。

　　A．M.I.T.（频率/电压控制）　　　　　B．System（系统信息）

　　C．BIOS Features（BIOS 功能设定）　D．Save & Exit（储存设定值）

3．对于 BIOS 各选项描述错误的是（　　　）。

　　A．"M.I.T."选项用于调整 CPU、内存等的频率、倍频、电压并显示自动检测到的温度、电压及风扇转速等信息

　　B．"BIOS Features"选项用于设定开机设备的优先顺序、CPU 高级功能等

　　C．"System"选项用于设定 BIOS 所有的设备信息

　　D．"Save & Exit"选项用于储存已变更的设定值至 CMOS 中，最后退出 BIOS 设定程序

项目六
磁盘分区与操作

能力目标

☑ 能说出磁盘主分区、扩展分区、逻辑分区的概念。

☑ 能使用第三方工具快速、安全地进行分区。

素质目标

☑ 具有继续学习新知识、新技术的自觉性。

☑ 具有学习和应用本专业前沿知识和技术的能力。

思政目标

☑ 培养认真负责的工作态度，培养对专业的责任感。

☑ 进一步树立为中华民族伟大复兴而奋斗的信念。

任务 17　磁盘分区的基础知识

任务描述

本任务要求学习并掌握磁盘分区的基础知识，为后续安装操作系统做准备。

任务分析

通过本任务了解磁盘分区格式、分区表的相关知识。

任务实施

Step 1：了解磁盘分区表类型

分区表（Partition Table）会将大表的数据分为许多子集，划分依据主要是其内部属性。

同时，分区表可以创建独特的分区索引。若磁盘丢失了分区表，则数据无法按顺序读取和写入，会导致无法操作。分区表的作用是提升数据访问和移植的效率。目前常用的分区表类型为 MBR 与 GPT，下面逐一介绍。

（1）MBR。

传统的分区方案（MBR）是指将分区信息保存到磁盘的第一个扇区（MBR 扇区）中，每个分区占用 16 字节，包含活动状态标志、文件系统标识、起止柱面号、磁头号、扇区号、隐含扇区数目（4 字节）、分区总扇区数目（4 字节）等内容。由于 MBR 扇区只有 64 字节是用于分区表的，所以只能记录 4 个分区的信息。这就是硬盘主分区数目不能超过 4 个的原因。为了支持更多的分区，分区方案引入了扩展分区和逻辑分区的概念，但是每个分区仍只能用 16 字节存储。

主分区数目不能超过 4 个的限制，在很多时候并不能满足需要。此外，MBR 分区方案无法支持容量超过 2TB 的磁盘。因为这一方案用 4 字节存储分区总扇区数目，所以最大能表示 2^{32} 个扇区，按每扇区 512 字节计算，每个分区最大不能超过 2TB。磁盘容量超过 2TB 以后，分区的起始位置就无法表示了。当前硬盘容量迅速扩展，2TB 的限制早已被突破。由此可见，MBR 分区方案已经无法满足需要了。

（2）GPT。

GPT 是一种由基于 Itanium 计算机中可扩展固件接口（EFI）的磁盘分区架构。与 MBR 分区方案相比，GPT 具有更多的优点。GPT 允许每个磁盘有 128 个分区，支持 18EB 的卷，允许将主磁盘分区表和备份磁盘分区表用作冗余，还支持唯一的磁盘和分区 ID（GUID）。此外，GPT 至关重要的平台操作数据位于分区，而不是非分区或隐藏扇区。另外，GPT 分区磁盘有多余的主要及备份分区表来提高分区数据结构的完整性。

Step 2：了解磁盘分区格式

Windows 操作系统下的磁盘分区格式主要有 FAT16、FAT32、NTFS、exFAT 等。目前的主流操作系统几乎全部采用 NTFS 格式。

NTFS（New Technology File System）目前是使用最为广泛的磁盘分区格式，允许设置权限，在安全性、易用性、稳定性方面表现出色。它在 Windows 2000 之后被普及，如今最大可以支持 256TB（MBR），在 GPT 分区下最大支持 128EB。目前大多数的电脑硬盘都使用 NTFS 格式，在分区的时候建议首选 NTFS 分区类型。

U 盘基本都是 FAT32 格式的，兼容性比较好，目前几乎所有的主流操作系统都支持对该格式的磁盘进行读写，但是安全性不高，不能设置权限，磁盘的利用效率比较低，关键是对单个文件容量有所限制，复制的文件大小不能超过 4GB 容量，文件名不能超过 255 个字符。

由于 U 盘的容量越来越大，因此不建议使用 FAT32 格式。

在复制文件的时候，如果文件容量超过了 4GB，则系统会提示"文件过大"，无法完成复制。

exFAT 也叫作 FAT64，在 Windows CE6 之后就出现了，它解决了 FAT32 不支持 4G 以上大容量文件的问题，支持 16EB 的容量（目前为 256GB），Windows 与 macOS 均适用，还有十分强大的跨平台能力。它是微软公司专为闪存设备（U 盘、存储卡）设计的文件系统，兼容性非常好。建议在使用 U 盘等移动设备时首选该格式。

综上所述，关于磁盘格式的选择，无疑 NTFS 更适合磁盘（机械硬盘、固态硬盘），而 exFAT 更适合闪存盘（U 盘）。

Step 3：为 Windows 操作系统选择磁盘分区格式

推荐在 Windows 操作系统中使用 NTFS 格式，FAT32 格式已经慢慢地退出市场。接下来详细讲解 NTFS 格式的优势，而 FAT32 格式的相关内容则放到知识链接中介绍。

NTFS 是一个被 Windows NT 操作系统支持的，特别为网络和磁盘配额、文件加密等管理安全特性设计的磁盘分区格式，可以提供长文件名、数据保护和恢复功能，通过目录和文件许可实现安全性，并支持跨越分区。NTFS 也是一个日志文件系统，除了向磁盘中写入信息，还可以为发生的所有改变保留一份日志。该功能让 NTFS 在发生错误的时候（比如系统崩溃或电源供应中断）更容易恢复，而且不会丢失任何数据，也让系统更加强壮。由于该文件系统很少出错，因此用户需要运行 CHKDSK 修复程序来对磁盘卷进行维护的概率特别低。NTFS 具备 3 个功能：错误预警功能、磁盘自我修复功能和日志功能。

（1）错误预警功能。

在 NTFS 分区中，如果 MFT 所在的磁盘扇区恰好出现损坏，则 NTFS 会将 MFT 换到硬盘的其他扇区中。保证文件系统的正常使用，就是保证系统的正常运行。FAT16 和 FAT32 的 FAT 则只能固定在分区引导扇区的后面，一旦扇区被损坏，整个文件系统都会瘫痪。

（2）磁盘自我修复功能。

NTFS 可以对磁盘上的逻辑错误和物理错误进行自动侦测和修复。每当进行读写时，它都会检查扇区是否正确。若在读取时发现错误，则 NTFS 会报告这个错误；若在向磁盘中写文件时发现错误，则 NTFS 会换一个位置存储数据。

（3）日志功能。

在 NTFS 中，任何操作都可以被看成是一个"事件"。事件日志一直监督着整个操作，在目标地址中发现完整的文件时会对其标记"已完成"。假如复制中途断电，那么事件日志中就不会记录"已完成"，NTFS 可以在来电后重新完成刚才的事件。

相较于 FAT 文件系统，NTFS 还具有以下特点。

（1）安全性。

NTFS 能够轻松地指定用户访问某个文件、目录、操作的权限，用一个随机产生的密钥对一个文件进行加密，只有文件的所有者和管理员才能掌握密钥，其他人即使能够登录系统，也没有办法读取文件。NTFS 采用用户授权来操作文件，事实上这是网络操作系统的基本要求，即只有拥有特定权限的用户才能访问指定的文件。NTFS 还支持加密文件系统（EFS）以阻止未授权的用户访问文件。

（2）容错性。

NTFS 使用一种被称为事务登录的技术跟踪对磁盘的修改，可以在几秒钟内恢复错误发生前的修改。

（3）稳定性。

NTFS 的文件不易受到病毒和系统崩溃的影响。这种抗干扰能力源自 Windows NT 操作系统的安全性能，NTFS 只能被 Windows NT 及以其为内核的 Windows 2000/XP 以上版本的操作系统识别。即使 FAT 和 NTFS 两种文件系统在一个磁盘中并存，NTFS 由于采用与 FAT 不同的方法来定位文件映像，也能克服 FAT 文件系统存在许多闲置扇区空间的缺点。

（4）向下的可兼容性。

NTFS 可以存取 FAT 文件系统和 HPFS 的数据，如果文件被写入可移动磁盘（特别是软盘），则将自动采用 FAT 文件系统。

（5）可靠性。

NTFS 会把重要的交易作为一个完整的交易来处理，只有整个交易完成之后才算完成，这样可以避免数据丢失。例如，在向 NTFS 分区中写入文件时，首先在内存中保留一份复制文件；然后检查向磁盘中写入的文件是否与内存中的一致，如果两者不一致，则操作系统会把相应的扇区标为坏扇区而不再使用（簇重映射）；最后用内存中保留的复制文件重新向磁盘中写入文件。如果在读文件时出现错误，则 NTFS 会返回一个读错误信息，并告知相应的应用程序数据已经丢失。

（6）大容量。

NTFS 彻底突破了存储容量限制，最大可支持 16EB。NTFS 的簇大小一般为512B ～ 4KB。

（7）长文件名。

NTFS 允许长达 255 个字符的文件名，突破 FAT 的 8.3 标准限制（FAT 规定主文件名为8 个字符，扩展名为 3 个字符）。NTFS 的最大缺点是它只能被 Windows NT/2000/XP 以上版本的操作系统、Linux 操作系统所识别。虽然 NTFS 可以存取 FAT 文件系统中的文件，但它的文件却不能被 FAT 文件系统所存取，当系统崩溃时只能用软盘、光盘或 U 盘启动，启动后的 FAT 或 FAT32 文件系统是无法访问 NTFS 的，会给数据抢救带来不便。

1. FAT

FAT 是英文 File Allocation Table 的缩写，译为文件分配表。自 1981 年首次问世以来，FAT 历经沧桑，包括 Windows NT、Window 98、macOS 及多种 UNIX 版本在内的大多数操作系统均对 FAT 提供支持。FAT 文件系统限制使用 8.3 标准中的文件命名规范，在一个文件名中，句点之前的部分的最大长度为 8 个字符，句点之后的部分的最大长度为 3 个字符。FAT 文件系统中的文件名必须以字母或数字开头，并且不能包含空格。此外，FAT 文件名不区分大小写字母。

2. CMOS

Windows 操作系统中的文件系统在每个磁盘上都使用一个 FAT 专用扇区来储存跟踪全部文件位置所需的数据，以前操作系统使用的是 16 位的 FAT，如 Windows 95 操作系统。

（1）虽然能够有效地管理小容量磁盘上的数据，但不能管理大容量磁盘上的数据，且磁盘分区不能大于 2GB。

（2）由于计算机中的文件是以簇的形式存储的，因此在 FAT16 中，硬盘分区越大，簇的尺寸越大，在存储文件时将浪费磁盘空间，降低磁盘空间利用率，尤其在小文件比较多时。

3. FAT32

FAT32 指的是文件分配表采用 32 位二进制数记录、管理磁盘的文件，其核心是文件分配表。FAT32 是由 FAT 和 FAT16 发展而来的，优点是稳定性和兼容性好，能充分兼容 Windows 9X 及以前版本的操作系统，且维护方便；缺点是安全性差，最大只能支持 32GB 分区，单个文件最大只能支持 4GB。Windows 98 以后版本的操作系统就开始支持 FAT32 文件系统了。

一、填空题

1. 在 MBR 分区方案中，主分区数目最大不能超过 _____ 个。

2. GUID 分区表磁盘分区样式支持最大卷为 18 EB，并且每个磁盘最多有 _____ 个分区。

3. 在 Windows 操作系统的磁盘格式中，_____ 格式目前是使用最为广泛的分区类型。

4．U 盘基本都是 _____ 格式的，它的兼容性比较好一些。

5．在使用 FAT32 格式复制文件时，如果文件容量超过了 _____GB，则系统会提示文件过大，无法完成复制。

二、选择题

1．在目前主流的 Windows 操作系统中，几乎都使用（　　）分区类型。

    A．FAT16　　　　　　　　　　　　B．FAT32

    C．NTFS　　　　　　　　　　　　　D．exFAT

2．（　　）是微软公司专门为闪存设备（U 盘、存储卡）设计的文件系统，兼容性非常好。

    A．FAT16　　　　　　　　　　　　B．FAT32

    C．NTFS　　　　　　　　　　　　　D．exFAT

3．下列关于 NTFS 的特性描述中，哪一项是错误的？（　　）

    A．磁盘自我修复功能　　　　　　　B．错误预警功能

    C．安全性　　　　　　　　　　　　D．智能隐藏

任务 18　使用 DiskGenius 进行磁盘分区

########## 任务描述 ##########

本任务要求使用磁盘分区工具快速完成对磁盘的分区操作，为后续安装操作系统做好准备工作。

########## 任务分析 ##########

如果需要对整块磁盘进行安装前的分区，则需要在磁盘进入系统前启动磁盘分区工具。因此，我们需要制作一个 U 盘引导盘，这样就可以通过 U 盘引导启动一个独立的工作环境，并使用磁盘分区工具完成对整块磁盘的分区操作了。

########## 任务实施 ##########

Step 1：制作深度启动 U 盘

（1）在制作启动 U 盘的网站中下载所需的软件，这里使用的是"U 深度 U 盘启动"软件。

（2）双击启动安装程序，如图 18-1 所示，单击"立即安装"按钮。

图 18-1　启动安装程序

（3）在安装完成后，单击"立即体验"按钮，运行"U 深度 U 盘启动"软件，如图 18-2 所示。

图 18-2　运行软件

（4）将准备好的 U 盘插入计算机的 USB 接口，等待软件自动识别。在弹出的界面中，无须修改任何选项，确认各选项参数与图 18-3 一致，单击"开始制作"按钮。

（5）这时会出现一个弹窗警告："本操作将会删除所有数据，且不可恢复"，如图 18-4 所示。若 U 盘中存有重要资料，那么可以将资料备份至本地磁盘中，在确认备份完成或者没有重要资料后单击"确定"按钮。

（6）制作 U 盘启动盘需要 2 ～ 3 分钟的时间，在此期间请耐心等待并不要进行其他操作，以保证制作过程顺利完成，如图 18-5 所示。

图 18-3　设置选项

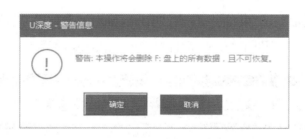

图 18-4　弹窗警告

图 18-5　制作 U 盘启动盘

（7）在 U 盘启动盘制作完成后会弹出新的提示窗口，如图 18-6 所示。单击"是"按钮，对制作完成的 U 盘启动盘进行模拟测试，测试其是否可用。

（8）若在模拟启动界面中看到图 18-7 所示的界面，则说明 U 盘启动盘制作成功。（注意：

模拟启动界面仅供测试使用，请勿进一步操作。）最后按组合键 <Ctrl+Alt> 释放鼠标，单击右上角的"关闭"按钮，退出模拟启动界面。

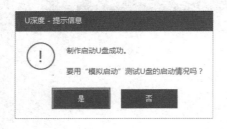

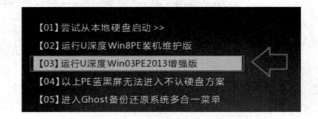

图 18-6　模拟测试　　　　　　　　　　　图 18-7　U 盘启动盘制作成功

Step 2：了解磁盘分区格式

（1）在将制作好的 U 盘插入计算机的 USB 接口后，重新启动计算机，在选择 USB 引导后会进入图 18-7 所示的界面，打开 PE 工具。

（2）在进入 PE 工具后，在桌面上右击"DiskGenius 分区"快捷方式，在弹出的快捷菜单中选择"运行"命令，打开图 18-8 所示的 DiskGenius 软件界面，选择"快速分区"选项。

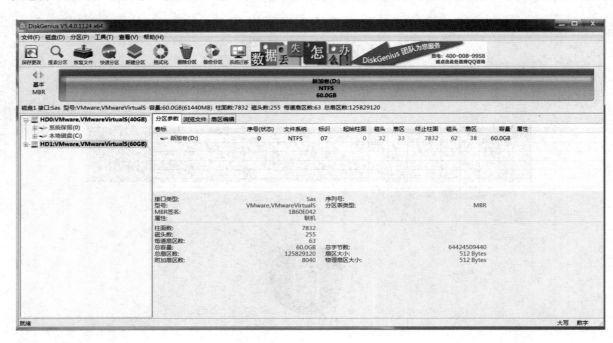

图 18-8　DiskGenius 软件界面

（3）在弹出的"快速分区"对话框中选择分区数目，根据磁盘容量来选择即可。如果磁盘容量超过 500GB，则可以选择 4 个以上的分区。由于这里演示的是固态硬盘，容量仅有60GB，一般作为系统盘，因此可以不做分区，这里为了演示分为 3 个区。在选择分区数目后，每个分区的容量都是平均的，如果需要调整各分区的容量，则可以在右侧的"高级设置"选区中调节，在完成后单击"确定"按钮，如图 18-9 所示。

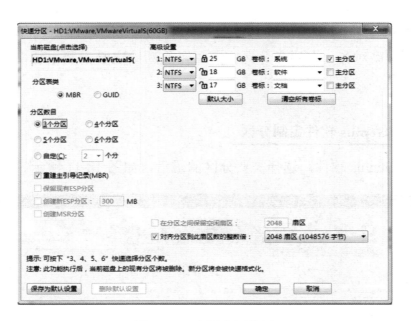

图 18-9　选择分区数目

注意： 在图 18-9 所示的"高级设置"选区中，有一个"对齐分区到此扇区数的整数倍"复选框，主要针对固态硬盘，使用普通机械硬盘的用户无须勾选此项。由于这里演示的是固态硬盘，因此勾选上了此项。

（4）等待 DiskGenius 软件给磁盘分区即可，此过程需要格式化所有磁盘，完成后如图 18-10 所示。

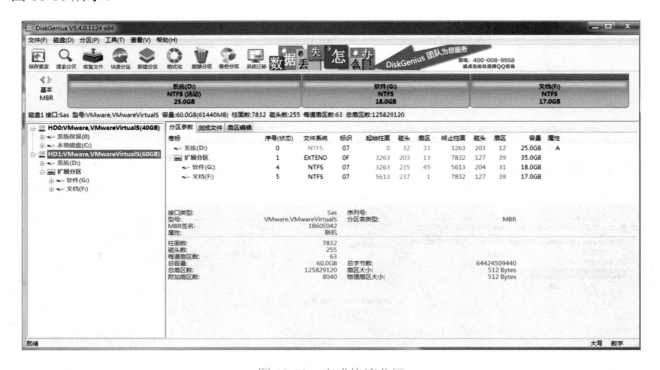

图 18-10　完成快速分区

使用 DiskGenius 软件对磁盘进行快速分区到此就结束了，操作相当简单，并且支持固态硬盘分区，支持 4K 对齐。在磁盘分区完成后，重新给电脑安装系统，安装完成后就可以正常使用了。

Step 3：使用 DiskGenius 软件定制分区

（1）运行 DiskGenius 软件，选择需要分区的磁盘，如图 18-11 所示。

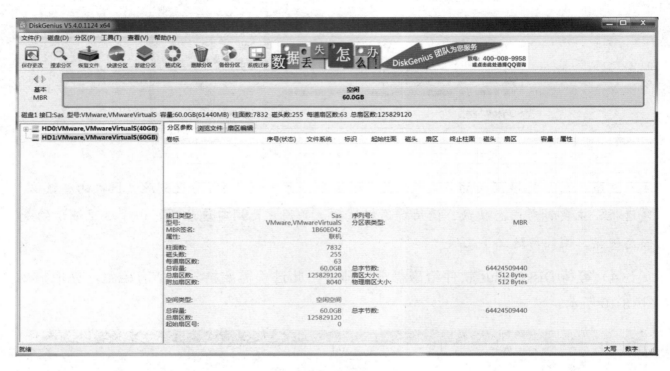

图 18-11　选择磁盘

（2）右击所选的磁盘，弹出关于磁盘操作的快捷菜单，如图 18-12 所示。

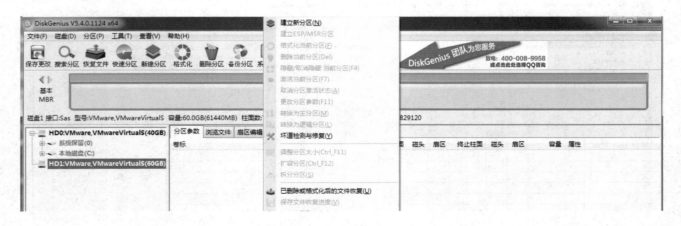

图 18-12　快捷菜单

（3）选择"建立新分区"命令，弹出"建立新分区"对话框。由于这是新建的第一个分区，因此选中"主磁盘分区"单选按钮，将分区大小设定为 20GB，如图 18-13 所示。选中"扩展磁盘分区"单选按钮，将分区大小设定为 40GB，如图 18-14 所示。

图 18-13　建立主磁盘分区　　　　　　　　　　图 18-14　建立扩展磁盘分区

（4）再次右击刚刚选择的磁盘，在弹出的快捷菜单中选择"建立新分区"命令，如图 18-15 所示。

图 18-15　再次建立新分区

（5）先将所有的分区全部分为扩展分区，再从扩展分区中划分新的分区到逻辑分区中。

（6）划分两个逻辑分区。逻辑分区是从扩展分区中划分的，右击所选的磁盘，在弹出的快捷菜单中选择"建立新分区"命令，弹出"建立新分区"对话框。选中"逻辑分区"单选按钮，将第一个分区大小设定为 30GB，如图 18-16 所示；将第二个分区大小设定为 10GB，如图 18-17 所示。

（7）对新分区的磁盘进行格式化。右击新分区，在弹出的快捷菜单中选择"格式化当前分区"命令，如图 18-18 所示。默认选择 NTFS 格式，其他选项参数如图 18-19 所示。

图 18-16　建立第一个逻辑分区

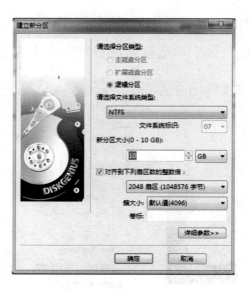

图 18-17　建立第二个逻辑分区

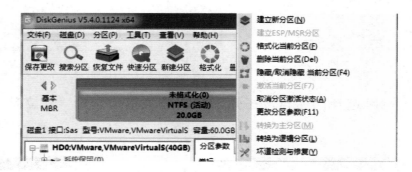

图 18-18　"格式化分区"命令

图 18-19　格式化分区（NTFS）

（8）在上述操作全部完成后，关闭软件。

知识链接

1. 主分区

一个硬盘的主分区包含操作系统启动所必需的文件和数据，要在硬盘上安装操作系统，则硬盘必须有一个主分区。主分区也称主磁盘分区，它和扩展分区、逻辑分区一样，是一种分区类型。主分区中不能再划分其他类型的分区，因此每个主分区都相当于一个逻辑磁盘（在这一点上主分区和逻辑分区很相似，但主分区是直接在硬盘上划分的，逻辑分区则必须建立在扩展分区中）。

在 MBR 分区方案中，硬盘只能划分 4 个分区，而 4 个分区肯定是不够的，所以催生出了扩展分区和逻辑分区的概念，而之前的分区类型就被命名为主分区了。实际上在早期的硬盘分区中并没有主分区、扩展分区和逻辑分区的概念，每个分区的类型都是主分区。

2. MBR 分区

MBR 的全称为 Master Boot Record，即硬盘的主引导记录。在和分区联系起来的时候，它们代表一种分区的制式。由于硬盘的主引导记录中只为分区表保留了 64 字节的存储空间，而每个分区的参数占据 16 字节，因此主引导扇区中总计只能存储 4 个分区的数据。也就是说，一块物理硬盘只能被划分为 4 个主分区。并且 MBR 最大仅支持 2TB 的硬盘。

GPT 的全称为 Globally Unique Identifier Partition Table Format，是全局唯一标识符的分区表。这种分区模式相比 MBR 有着非常多的优势。首先，它至少可以分出 128 个分区，完全不需要扩展分区和逻辑分区来帮忙，用户可以借此分出任何想要的分区。其次，GPT 最大支持 18EB 的硬盘，几乎没有限制。

3. 扩展分区

主分区最多可以有 4 个，我们需要使用扩展分区打破 4 的限制。在硬盘上可以创建多个逻辑分区，而创建的这些逻辑分区都被称为扩展分区。主分区和逻辑分区中可以用于储存数据，而扩展分区不能用于储存数据，因为扩展分区是逻辑分区的总称。

作业布置

一、填空题

1. 使用 _____ 分区工具可以快速、安全地对硬盘进行分区操作。

2. 要在硬盘上安装操作系统，则硬盘必须有一个 _____。

3. MBR 最大可以支持 _____TB 的硬盘。

4. GPT 至少可以分出 _____ 个分区，完全不需要扩展分区和逻辑分区帮忙。

5. GPT 最大可以支持 _____ 的硬盘，在容量上几乎没有限制。

二、选择题

1. 在 MBR 分区方案中，下面哪一项是不可能的？（　　）

  A．4 个主分区   B．1 个主分区，1 个扩展分区

  C．3 个主分区，3 个逻辑分区   D．1 个主分区，2 个扩展分区

2. 下面哪一项是分区工具的正确名称？（　　）

  A．DiskGeniu   B．DiskGenius

  C．DiskManage   D．DiskManages

3. 为了能正确地安装操作系统，每一块硬盘里都需要有（　　）。

  A．主分区   B．扩展分区

  C．逻辑分区   D．系统分区

第三部分
计算机配置

操作系统的安装

能力目标

✍ 能正确安装 Windows 操作系统。

✍ 能正确安装 Linux 操作系统。

素养目标

✍ 具有良好的社会道德及软件版权意识。

✍ 具有信息安全相关法律法规知识和防范意识。

思政目标

✍ 能主动使用正版软件，具有版权意识。

✍ 树立社会主义核心价值观和为中华民族伟大复兴而奋斗的信念。

任务 19　Windows 10 操作系统的安装

////////// **任务描述** //////////

Windows 10 操作系统是使用最为广泛的桌面操作系统，在家用及商用市场中有着极高的市场占有率。本任务的目标是为一台新组装好的计算机安装 Windows 10 操作系统。

////////// **任务分析** //////////

Windows 操作系统经过多年的发展，已经非常成熟，其安装过程也非常智能化，用户只需要按照提示进行即可。但作为专业技术人员，还需要知晓每一步的安装过程，以便做出更专业的优化操作。

• 安装 Windows 10 操作系统。

• 执行 Windows 10 安装后的优化操作。

任务实施

Step 1：安装 Windows 10 操作系统

（1）将安装光盘放入光驱或使用 U 盘，打开 Windows 10 操作系统的安装程序。选择要安装的语言为中文，时间和货币格式为中文，键盘和输入方法为微软拼音，如图 19-1 所示。

（2）依据提示输入产品的序号，如图 19-2 所示。如果暂时没有产品密钥，则可以先选择"我没有产品密钥"选项，跳过该步骤继续安装，安装完成后再输入密钥完成系统的激活。

图 19-1 选择安装语言

图 19-2 输入安装密钥

（3）在选择要安装的操作系统时，可以依据所购买的产品，选择家庭版、教育版及专业版等，如图 19-3 所示。

（4）接受系统关于版权的许可证条款，勾选"我接受许可条款"复选框，如图 19-4 所示。

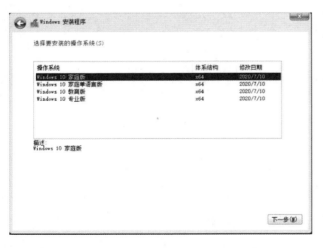

图 19-3 版本选择

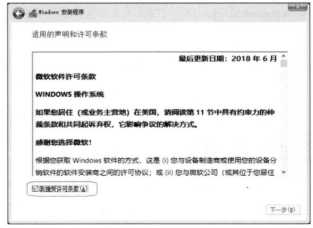

图 19-4 接受许可条款

（5）在选择安装类型时，由于本任务的目标是在一台新组装的计算机上执行安装操作，所以不进行升级操作。在这里选择"自定义"选项，如图 19-5 所示。

（6）由于该计算机上只有一块磁盘，因此只能选择"驱动器 0"，如图 19-6 所示。用户可以依据安装需求进行分区操作，单击"新建"按钮即可执行新建磁盘分区操作。

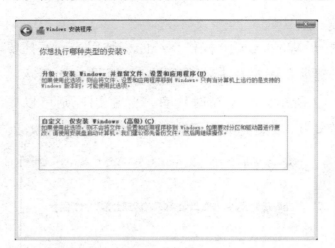

图 19-5　选择安装类型

图 19-6　选择安装磁盘

（7）在完成新建磁盘分区操作之后，磁盘的划分如图 19-7 所示。

（8）在准备工作全部完成之后，就可以开始安装操作系统了，如图 19-8 所示。

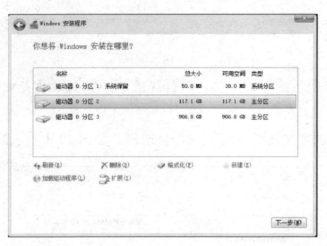

图 19-7　划分磁盘

图 19-8　安装操作系统

Step 2：账户设置

完成系统初始安装之后，在初次使用时还需要进行一些账户设置。

（1）选择"针对个人使用进行设置"选项，如图 19-9 所示。

（2）（可选）由于 Windows 10 操作系统主要是针对平板电脑及移动端设计的，而本任务要为台式机安装 Windows 10 操作系统，所以在添加账户类型时，可以选择"脱机账户"选项，如图 19-10 所示。

图 19-9 设置账户类型

图 19-10 选择"脱机账户"选项[1]

（3）（可选）针对台式机的工作环境，在设置账户时还可以选择"有限的体验"选项来进一步关闭移动端、平板电脑的一些特有功能，如图 19-11 所示。

（4）在"账户名称"文本框中输入账户名称，如图 19-12 所示。

图 19-11 选择体验类型

图 19-12 设置账户名称

（5）在选择隐私设置时，可以按需关闭不需要的服务，如图 19-13、图 19-14 所示。

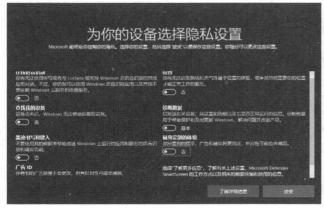

图 19-13 选择隐私设置

图 19-14 个性化体验

① 图 19-10 中的"帐户"的正确写法应为"账户"。

1. Windows 操作系统

Windows 是微软公司研发的一套操作系统，于 1985 年问世，起初只是 Microsoft-DOS 模拟环境，后续经过不断的更新升级，易用性不断增强，成了当前应用最广泛的操作系统。

Windows 操作系统采用图形化模式 GUI，比起从前 DOS 需要输入指令的使用方式更为人性化。随着计算机硬件和软件的不断升级，Windows 操作系统也在不断升级，从 16 位、32 位再到 64 位架构，系统版本从最初的 Windows 1.0 到大家熟知的 Windows 95、Windows 98、Windows 2000、Windows XP、Windows Vista、Windows 7、Windows 8、Windows 8.1、Windows 10 和 Windows Server 服务器企业级操作系统，微软公司一直致力于 Windows 操作系统的开发和完善。Windows 操作系统的优点如下。

（1）Windows 操作系统的人机操作性优异。

操作系统是人和计算机硬件沟通的平台，没有良好的人机操作性，就难以吸引广大用户。在手机领域中，诺基亚手机过去能够占据手机市场的半壁江山，操作系统互动性良好是其成功的重要因素之一，而其迅速的衰败也是因为操作系统的落伍。Windows 操作系统能够作为个人计算机的主流操作系统，其优异的人机操作性是重要因素之一。此外，Windows 操作系统界面友好，窗口制作精美，操作易学，多代系统之间有良好的传承，计算机资源管理效率较高。

（2）Windows 操作系统支持的应用软件较多。

Windows 作为优秀的操作系统，由微软公司负责接口控制和设计，以及标准公开，有大量商业公司在该操作系统上开发商业软件。Windows 操作系统中大量的应用软件为用户提供了便利，这些应用软件门类齐全、功能完善、用户体验性好。例如，Windows 操作系统有大量的多媒体应用软件，用于搜集和管理多媒体资源，用户只需要使用这些基于系统开发出的商业软件，就可以享受多媒体带来的快乐。

（3）Windows 操作系统支持硬件。

对硬件良好的适应性是 Windows 操作系统另一个重要的成功因素。Windows 操作系统支持多种硬件，为硬件生产厂商提供宽泛、自由的开发环境，并激励这些硬件生产厂商生产与 Windows 操作系统相匹配的产品，也激励 Windows 操作系统自身的不断完善和改进。同时，硬件的提升也为操作系统的功能拓展提供了支撑。另外，Windows 操作系统支持多种硬件的热插拔，方便使用，受到广大用户的欢迎。

2．Windows 10 操作系统各版本的介绍

Windows 10 是由微软公司开发的应用于计算机和平板电脑的操作系统，于 2015 年 7 月 29 日发布正式版。Windows 10 操作系统有家庭版、专业版、企业版、教育版、移动版、移动企业版、专业工作站版和物联网核心版。

版本	功能
家庭版（Home）	Cortana 语音助手（选定市场）、Edge 浏览器、面向触控屏设备的 Continuum 平板电脑模式、Windows Hello（脸部识别、虹膜、指纹登录）、串流 Xbox One 游戏的能力、微软公司开发的通用 Windows 应用（Photos、Maps、Mail、Calendar、Groove Music 和 Video）、3D Builder
专业版（Professional）	以家庭版为基础，增添了管理设备和应用，可以保护敏感的企业数据，支持远程和移动办公，支持云计算技术。另外，它还具有 Windows Update for Business 功能，微软公司承诺该功能可以降低管理成本、控制更新部署，让用户更快地获得安全补丁软件
企业版（Enterprise）	以专业版为基础，为大中型企业增添了防范针对设备、身份、应用和敏感企业信息的现代安全威胁的先进功能，供微软的批量许可（Volume Licensing）用户使用，用户能选择部署新技术的节奏，包括使用 Windows Update for Business 的选项。作为部署选项，Windows 10 企业版将提供长期服务分支（Long Term Servicing Branch）
教育版（Education）	以企业版为基础，面向学校职员（包括管理人员和教师）和学生，通过面向教育机构的批量许可计划提供给客户，学校能够升级 Windows 10 家庭版和 Windows 10 专业版设备
移动版（Mobile）	面向尺寸较小、配置触控屏的移动设备，如智能手机和小尺寸平板电脑，集成有与 Windows 10 家庭版相同的通用 Windows 应用和针对触控操作优化的 Office。部分设备可以使用 Continuum 功能，在连接外置大尺寸显示屏时，用户可以把智能手机用作 PC
移动企业版（Mobile Enterprise）	以移动版为基础，面向企业用户。它被提供给批量许可用户使用，增添了企业管理更新以及及时获得更新和安全补丁软件的方式
专业工作站版（Windows 10 Pro for Workstations）	包括许多普通版 Windows 10 Pro 没有的内容，着重优化了多核处理及大文件处理，面向大企业用户及真正的"专业"用户，如 6TB 内存、ReFS、高速文件共享和工作站模式
物联网核心版（Windows 10 IoT Core）	面向小型低价设备，主要是物联网设备。目前已支持树莓派 2/3 代、DragonBoard 410c（基于骁龙 410 处理器的开发板）、MinnowBoard MAX 及 Intel Joule

3. Windows 10 操作系统对硬件的需求

硬件	家庭版（最小配置）	家庭版（建议配置）
处理器	1GHz 或更快的处理器	Intel core i3 以上芯片
RAM	1GB（32 位）或 2GB（64 位）	建议不少于 4GB，8GB 以上运行更流畅
硬盘空间	16GB（32 位操作系统）或 20 GB（64 位操作系统）	不少于 30GB
显卡	DirectX 9 或更高版本（包含 WDDM 1.0 驱动程序）	DirectX 10 或更高版本
分辨率	800×600	1024×768 以上
网络环境	100MB 有线网络 / Internet Wi-Fi 连接	1000MB 有线网络 / Internet Wi-Fi 连接

作业布置

一、填空题

1. Windows 10 操作系统是使用最为广泛的 _____ 系统。

2. 在安装 Windows 10 操作系统时，建议内存不少于 _____GB，_____GB 以上运行更流畅。

3. Windows 10 操作系统有 _____版、_____版、企业版、教育版、移动版、移动企业版、专业工作站版和物联网核心版。

4. Windows 10 操作系统主要针对平板电脑及 _____ 设计，在添加账户类型时可以选择"脱机账户"选项。

二、选择题

1. 目前的 Windows 操作系统中，市场占有率较高的版本是（　　　）。

    A．Windows 95   B．Windows 10

    C．Windows 2021   D．Windows 2022

2. Windows 10 操作系统有 7 个版本，以下哪一个不属于官方发布的版本？（　　　）

    A．家庭版   B．专业版   C．企业版   D．手持移动端版

3. 为了让 Windows 10 操作系统能更流畅地运行，官方推荐内存大小为（　　　）GB 以上。

    A．2   B．4   C．8   B．16

任务 20　Linux 操作系统的安装

//////// 任务描述 ////////

本任务的目标是在计算机上安装 Linux 操作系统。Linux 操作系统是一套免费使用和自

由传播的类 UNIX 操作系统，是一个基于 POSIX 和 UNIX 的多用户、多任务、支持多线程和多 CPU 的操作系统。CentOS 是 Linux 操作系统的一个发行版本。

////////// 任务分析 //////////

使用光盘引导或 U 盘引导安装 CentOS 系统。为了便于操作，也可以选择在虚拟机上完成该部分的实验操作。

任务实施

Step 1：配置虚拟机

（1）打开虚拟机软件，有两种方法可以进行虚拟机的创建，一是通过主界面的"创建新的虚拟机"按钮直接创建，二是通过"文件"→"新建虚拟机"选项进行创建，如图 20-1 所示。

图 20-1　创建新的虚拟机

（2）在"新建虚拟机向导"对话框中创建自定义虚拟机。选择"自定义（高级）虚拟机"选项，该选项允许用户在后期的创建虚拟机配置中对虚拟机的配置文件及储存位置进行选择。单击"下一步"按钮，按照提示继续单击"下一步"按钮。在图 20-2 所示的对话框中，确认虚拟机的硬件兼容性，在这里选择"Workstation 15.x"选项。

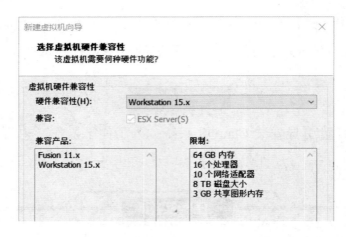

图 20-2　选择虚拟机版本

（3）选择想要安装的操作系统类型，在这里选择 Linux 操作系统，选中"Linux"单选按钮，在"版本"选区中选择"CentOS 7 64 位"选项进行接下来的安装，如图 20-3 所示。单击"下一步"按钮。

（4）在图 20-4 所示的对话框中，自定义虚拟机名称，同时更改默认的虚拟机配置文件的储存位置，如图 20-4 所示。

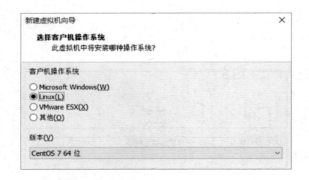

图 20-3　选择操作系统类型　　　　图 20-4　选择配置文件的储存位置

（5）配置 CPU，由于进行初次安装的多为初学者，对虚拟机性能要求不高，因此保持默认设置即可，单击"确定"按钮。

（6）初学者在进行初次安装时，建议不要修改内存大小，即保留默认设置 1GB。同时，建议安装虚拟机的总内存不超过最大推荐内存。在图 20-5 所示的对话框中可以看到，这台计算机的"最大推荐内存"为"5.9GB"，这意味着如果每台虚拟机都使用 1GB 的内存，则最多不能超过 5 台，否则会引起该实体机性能急剧下降。

（7）关于网络类型，经常使用的是前 3 种，即桥接、NAT 与仅主机类型。在这里暂时使用仅主机类型，选中"使用仅主机模式网络"单选按钮，如图 20-6 所示。

（8）在"I/O 控制器类型"选区中，保持默认设置，如图 20-7 所示，单击"下一步"按钮。

（9）在图 20-8 所示的对话框中，可以选择创建新的虚拟磁盘，也可以选择现有的虚拟磁盘。

在本任务中，由于虚拟机是新建的，所以选择创建新的虚拟磁盘，选中"创建新虚拟磁盘"
单选按钮。

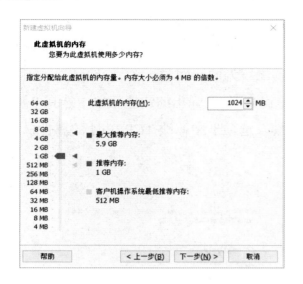

图 20-5 设置虚拟机内存

图 20-6 设置网络类型

图 20-7 选择 I/O 控制器类型

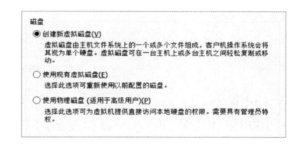

图 20-8 选择创建新虚拟磁盘

（10）按照要求分配磁盘大小，在这里手动调整"最大磁盘大小"为 30GB，选中"将虚
拟磁盘存储为单个文件"单选按钮以提升性能，如图 20-9
所示。在不勾选"立即分配所有磁盘空间"复选框时，系
统不会在磁盘上直接使用 30GB 的空间，而是将磁盘以文
件形式存储，在向磁盘中写入内容时，这个文件容量才会
逐步增大，直至用完 30GB 的空间。如果勾选该项，则系
统会直接在物理磁盘上划分 30GB 的空间给虚拟机使用，
这样做的好处是可以提升虚拟机磁盘读写的性能。

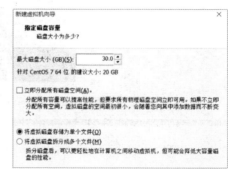

图 20-9 设置磁盘容量

（11）指定磁盘文件的存储位置，将磁盘文件与配置文
件都放置在"D:\Vmdisk\Centos7.4_A.vmdk"目录下，如图 20-10 所示。

（12）在全部配置完成后会弹出配置汇总对话框，单击"完成"按钮。此时虚拟机的创
建工作还没有结束，需要进一步对虚拟机进行配置。

（13）配置虚拟机的网络环境。打开"控制面板"界面，选择"网络和 Internet"→"网络连接"选项，找到 VMnet1 网卡，如图 20-11 所示。这块网卡对应着仅主机类型的虚拟网络所用的虚拟网卡。为了让虚拟机与主机通信，需要将此网卡的 IP 地址与虚拟机的网卡地址配置为同一网段。

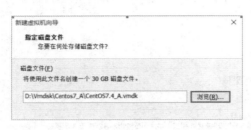

图 20-10　设置磁盘文件的存储位置

（14）右击此网卡，在弹出的快捷菜单中选择"属性"命令，在"常规"选项卡中修改 TCP/IPv4 的属性，配置 IP 地址为 192.168.108.254，如图 20-12 所示。

图 20-11　选择网卡

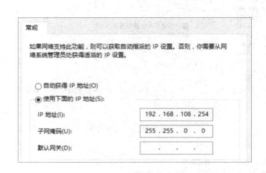

图 20-12　配置 IP 地址

（15）在正式安装系统之前，还需要挂载光盘 ISO。单击"编辑虚拟机设置"按钮，如图 20-13 所示。

（16）挂载光盘 ISO，设置如图 20-14 所示。

图 20-13　编辑虚拟机配置

图 20-14　挂载光盘 ISO

Step 2：安装 Linux 操作系统

（1）在启动虚拟机之后，可以移动光标至第一项，如图 20-15 所示。

（2）在安装向导的第一个界面中，可以选择不同的语言，在这里选择简体中文，如图 20-16 所示。

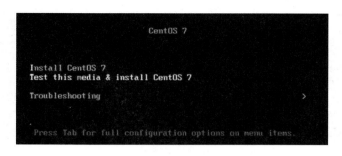

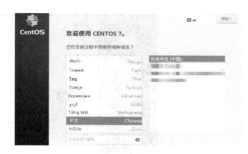

图 20-15 安装向导界面　　　　　　　　图 20-16 选择语言

（3）将"安装位置"配置为自动分区或者 LVM 自动管理卷模式，如图 20-17 所示。

（4）配置主机名称与网络静态 IP 地址。在实际安装过程中，主机名与网络 IP 地址也可以在安装完成后再行配置。选择"网络和主机名"选项，如图 20-18 所示。

图 20-17 配置安装位置　　　　　　　　图 20-18 网络和主机名称

（5）单击"配置"按钮，配置"地址"为 192.168.108.8，如图 20-19 所示，保存后退出。

（6）配置基本环境，对初学者而言，初次安装不要选择最小安装，建议选择带有图形界面的服务器，选中"带 GUI 的服务器"单选按钮，如图 20-20 所示。

图 20-19 配置地址　　　　　　　　图 20-20 配置基本环境

（7）在完成全部配置后进行系统的安装，此时需要配置 root 账户密码与创建用户，如图 20-21 所示。重新启动计算机并同意软件许可条款即可完成全部安装。

图 20-21　配置 root 账户密码与创建用户

Linux 操作系统

　　Linux 操作系统是一套可以免费使用和自由传播的类 UNIX 操作系统，是一个基于 POSIX 和 UNIX 的多用户、多任务、支持多线程和多 CPU 的操作系统。它能运行主要的 UNIX 工具软件、应用程序和网络协议，支持 32 位和 64 位的硬件。Linux 操作系统继承了 UNIX 以网络为核心的设计思想，是一个性能稳定的多用户网络操作系统。

　　Linux 操作系统诞生于 1991 年 10 月 5 日。芬兰人林纳斯·托瓦兹（1969 年—）编写了最初的 Linux 操作系统。Linux 操作系统的诞生充满了偶然性。林纳斯经常用他的终端仿真器（Terminal Emulator）访问大学主机上的新闻组和邮件，为了方便读写和下载文件，他自己编写了磁盘驱动程序和文件系统，这些在后来成了 Linux 操作系统第一个内核的雏形。林纳斯很快以 Linux 的名字把这款类 UNIX 操作系统加入了自由软件基金（FSF）的 GNU 计划，并通过 GPL 的通用性授权，允许用户销售、复制和改动程序，并要求用户将其传递下去，免费公开修改后的代码。这说明，Linux 操作系统是日积月累的结果，是经验、创意和小段代码的集合体。

作业布置

一、填空题

　　1. Linux 操作系统是一套 _____ 和 _____ 的类 UNIX 操作系统，是一个基于 POSIX 和 UNIX 的多用户、多任务、支持多线程和多 CPU 的操作系统。

　　2. CentOS 是 Linux 操作系统中的一个 _____。

　　3. 如果在虚拟机上安装 CentOS 系统，则需要事先配置 _____。

4．虚拟机常用的网络类型有 3 种，分别是桥接、NAT 与 ＿＿＿＿＿。

5．当使用仅主机类型网络时，为了让虚拟机能与主机通信，还需要将虚拟机网卡与 ＿＿＿＿＿＿ 网卡的 IP 地址配置为同一网段。

二、选择题

1．在配置虚拟机时，下列哪一项不是虚拟机的网络类型？（　　）

　　A．桥接　　　　B．NAT　　　　C．仅主机　　　D．物理

2．在配置虚拟机时，关于 Workstation 15.0 的硬件兼容性描述，哪一项是错误的？（　　）

　　A．最大支持 64GB 内存　　　　B．最多支持 16 个处理器

　　B．可以支持 10 个网络适配器　　D．最大支持 4TB 硬盘

3．如果想安装图形化的 Linux 操作系统，则在设置基本环境时需要选择哪一项进行安装？（　　）

　　A．基础设置服务器　　　　B．有桌面的服务器

　　C．带 GUI 的服务器　　　　D．最小安装

驱动程序的安装

能力目标

☑ 能为硬件安装合适的驱动程序。

☑ 能使用第三方工具软件快速安装硬件驱动。

素养目标

☑ 具有继续学习新知识、新技术的自觉性。

☑ 能主动学习和应用本专业的前沿知识和新技术。

思政目标

☑ 能主动使用正版软件，具有版权意识。

☑ 树立职业荣誉感，理解专业的人做专业的事情的意义。

任务 21　驱动程序的安装方法

任务描述

在完成系统安装后，如果不安装驱动程序，则许多硬件会无法使用。本任务的目标是完成设备驱动程序的安装，使计算机硬件达到最佳性能。

任务分析

驱动程序的安装有多种方法，可以使用驱动光盘，也可以到专门的驱动网站中下载，还可以使用第三方工具。接下来依次进行讲解。

任务实施

Step 1：用驱动光盘进行驱动安装

（1）使用驱动光盘进行集成安装。

使用驱动光盘进行驱动安装的一般顺序是：先安装主板驱动，再安装各类板卡驱动，最后安装各种外部设备驱动。

在将驱动光盘放入光驱后，一般情况下光驱会自动运行。如果系统安装了某些安全类软件，则有可能会阻断光盘的自动运行，此时可以在光盘的根目录下找到"setup"文件或者"Install"文件并执行安装。

（2）通过更新驱动的方式安装驱动。

打开设备管理器，可以看到存在驱动问题的设备明显异常，本例中存在异常的设备为网络适配器，如图 21-1。右击异常的设备选项，在弹出的快捷菜单中选择"更新驱动程序"命令，如图 21-2 所示。

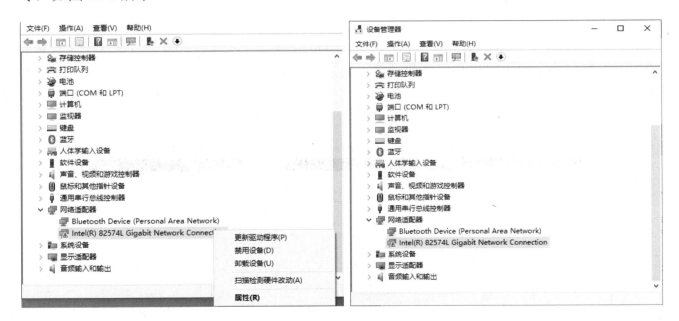

图 21-1　异常设备　　　　　　　　　　　　图 21-2　更新驱动程序

在弹出的对话框中选择"浏览我的电脑以查找驱动程序"选项，如图 21-3 所示。弹出图 21-4 所示的对话框，在文本框中输入驱动文件所在的位置。

如果驱动文件指向无误，就能正常地安装网卡驱动了。

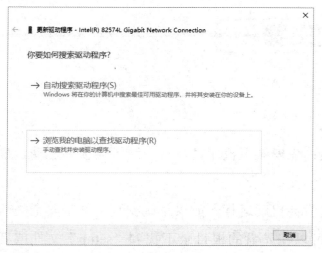

图 21-3　自定义查找驱动　　　　　　　　　图 21-4　设定查找路径

Step 2：通过网站进行驱动安装

现在部分品牌机已经不再随机赠送驱动光盘了，越来越多的品牌机和笔记本也不再将光驱作为购机的必须配件，而是将驱动程序统一放在官方网站中以供用户下载和使用，如图 21-5 所示。

在正常情况下，联想用户可以直接使用官方推荐的"一键安装驱动"工具直接安装驱动程序。在断网的情况下可以使用高级功能，通过查找型号来寻找并下载驱动程序，就可以在没有网络的情况下安装驱动程序了。在这里选择"在站内查找设备驱动"选项。

图 21-5　联想官方网站的驱动

打开"查找驱动程序及工具软件"界面，查找驱动程序，如图 21-6 所示。

图 21-6 查找驱动程序

在文本框中输入机型，单击"查找"按钮，跳转到驱动界面，如图 21-7 所示。

图 21-7 界面跳转

在完成界面跳转后，依据所选机器型号，结合操作系统类型进行各个部件的驱动程序的下载，如图 21-8、图 21-9 所示。

图 21-8　驱动程序下载界面（1）

图 21-9　驱动程序下载界面（2）

Step 3：使用第三方工具进行驱动安装

在遇到组装机时，可以使用第三方工具进行驱动安装。

在官方网站中下载驱动精灵软件，双击打开安装程序，单击"一键安装"按钮，如图 21-10 所示。

在软件安装完成后，单击"立即体验"按钮，就可以进行驱动程序的安装了，如图 21-11 所示。

图 21-10　启动安装程序界面　　　　　　　　　图 21-11　安装完成

如果设备存在驱动异常，则驱动精灵软件会在"驱动管理"界面中做出提示，此时只需单击"安装"按钮，即可执行驱动程序的安装，如图 21-12 所示。

图 21-12　安装驱动程序

知识链接

1. 驱动程序

驱动程序一般指的是设备驱动程序（Device Driver），是一种可以使计算机和设备进行相互通信的特殊程序。它相当于硬件的接口，操作系统只有通过这个接口，才能控制硬件设备的工作。假如某设备的驱动程序未能正确安装，那么该设备便不能正常工作。因此，驱动程序被比作"硬件的灵魂""硬件的主宰""硬件和系统之间的桥梁"。

从理论上讲，所有的硬件设备都需要安装相应的驱动程序才能正常工作。但CPU、内存、主板、软驱、键盘、显示器等设备并不需要安装驱动程序也可以正常工作，而显卡、声卡、网卡等设备一定要安装驱动程序，否则无法正常工作。这主要是因为部分硬件对一台个人计算机来说是必需的，所以早期的设计人员将这些硬件列为了 BIOS 能直接支持的硬件。换句话说，上述硬件在安装后就可以被 BIOS 和操作系统直接支持，而不再需要安装驱动程序了。从这个角度来说，BIOS 也是一种驱动程序。但是对于其他的硬件，如网卡、声卡、显卡等，却必须要安装驱动程序，不然这些硬件无法正常工作。

2. 驱动程序的版本

驱动程序可以分为官方正式版、微软 WHQL 认证版、第三方驱动、发烧友修改版、Beta 测试版。

（1）官方正式版。

官方正式版是指按照芯片厂商的设计研发出来的，经过反复测试、修正，最终通过官方渠道发布出来的正式版驱动程序，又称公版驱动。官方正式版的发布方式通常包括官方网站发布及硬件产品附带光盘。稳定性、兼容性好是官方正式版最大的亮点，也是区别于发烧友修改版与 Beta 测试版的显著特征之一。因此推荐普通用户使用官方正式版，而对于喜欢尝鲜、体现个性的用户则推荐使用发烧友修改版或 Beta 测试版。

（2）微软 WHQL 认证版。

WHQL 是 Windows Hardware Quality Labs 的缩写，中文名称为 Windows 硬件质量实验室，缩写分类：电子电工，是微软公司对各硬件厂商的一个认证，是为了测试驱动程序与操作系统的兼容性及稳定性而制定的。通过 WHQL 认证的驱动程序与 Windows 操作系统基本上不存在兼容性的问题。

（3）第三方驱动。

第三方驱动一般是指硬件产品 OEM 厂商发布的基于官方驱动优化而成的驱动程序。第三方驱动的稳定性、兼容性好，基于官方正式版进行了优化，比官方正式版拥有更加完善的功能和更加强劲的整体性能。因此，对品牌机用户来说，推荐首选第三方驱动，其次是官方正式版；对组装机用户来说，第三方驱动可能相对复杂一点，因此官方正式版仍是首选。

（4）发烧友修改版。

发烧友修改版的诞生与显卡有关。一直以来，发烧友都被用来形容游戏爱好者，而发烧友修改版最先是出现在显卡驱动上的，由于众多发烧友对游戏狂热，对于显卡性能的期望也是比较高的，这时候厂商所发布的显卡驱动往往不能满足用户需求，因此经过修改的、以满足游戏爱好者更多功能性要求的显卡驱动应运而生。

（5）Beta 测试版。

Beta 测试版是指处于测试阶段，还没有正式发布的驱动程序。这样的驱动程序往往具有稳定性不好、与操作系统的兼容性较差等 bug。尝鲜和风险总是同时存在的，所以使用 Beta 测试版的用户要做好出现故障的心理准备。

作业布置

一、填空题

1．在安装完操作系统之后，如果不安装 _____，那么许多硬件并不能真正地开始工作。

2．驱动程序的安装有多种方法，可以使用厂商驱动光盘，也可以在 _____ 中下载驱动程序，还可以使用第三方驱动工具。

3．在官方网站中查找驱动程序时，一般要输入计算机的 _____，并结合操作系统的类型，才能找到最合适的驱动程序。

4．比较常见的第三方驱动工具有许多，如本书示例的工具 _____ 就是一款简单、易用的第三方驱动工具。

5．驱动程序有许多版本，在 Windows 操作系统上一般建议安装 _____ 版，这样不容易出现兼容性的问题。

二、选择题

1．关于驱动程序的版本，描述不正确的是（　　　）。

　　A．官方正式版是指按照芯片厂商的设计研发出来的，经过反复测试、修正，最终通过官方渠道发布出来的正式版驱动程序，又称公版驱动

　　B．WHQL 是微软公司对各硬件厂商驱动的一个认证，是为了测试驱动程序与操作系统的兼容性及稳定性而制定的。通过了 WHQL 认证的驱动程序与 Windows 操作系统基本上不存在兼容性的问题

　　C．第三方驱动一般是指硬件产品 OEM 厂商发布的基于官方正式版优化而成的驱动程序。其兼容性好但是不稳定，基于官方正式版进行了优化并且拥有更加完善的功能和更加强劲的整体性能

　　D．测试版驱动是指处于测试阶段，还没有正式发布的驱动程序。这样的驱动程序往往具有稳定性不够、与系统的兼容性不够等 bug

2．下列软件中，哪一项不能用来为计算机安装驱动程序？（　　　）

　　A．WPS　　　　　　　　　　　　B．配套驱动光盘

　　C．驱动精灵　　　　　　　　　　D．硬件的驱动官网

3．下列哪一项功能不是驱动精灵软件所能提供的？（　　　）

　　A．驱动管理　　　　　　　　　　B．系统诊断

　　C．软件管理　　　　　　　　　　D．驱动文件查杀病毒

项目九
常用软件的安装与配置

能力目标

☑ 能进行办公软件的安装。

☑ 能通过杀毒软件对计算机进行安全防护。

素养目标

☑ 能学习和应用本专业的前沿知识和新技术。

☑ 具有一定的人文社科知识。

思政目标

☑ 能主动使用正版软件，具有版权意识。

任务 22　办公软件的安装与配置

////////// 任务描述 //////////

　　计算机只有操作系统是不够的，还需要许多软件以满足日常办公与娱乐的要求。本任务的目标是为计算机安装常用软件以满足日常办公需求。

////////// 任务分析 //////////

　　本任务要安装的常用软件主要有输入法、WPS Office 办公软件（以下简称 WPS）。

(任务实施)

Step 1：安装输入法

（1）启用系统自带的输入法。

　　信息输入离不开键盘，因此在为计算机配置办公环境时，我们首先想到的是安装一款得心应手的输入法。Windows 10 操作系统自带拼音与五笔输入法，只要进行简单的配置就可以使用。

在"开始"菜单中选择"设置"选项，如图 22-1 所示。在弹出的"设置"界面中选择"时间和语言"→"语言"选项，如图 22-2、图 22-3 所示。

在图 22-4 所示的"语言"界面中选择"中文"选项。

图 22-1 选择"设置"选项

图 22-2 选择"时间和语言"选项

图 22-3 选择"语言"选项

图 22-4 选择"中文"选项

单击"添加键盘"按钮，如图 22-5 所示。在弹出的菜单中选择"微软五笔输入法"选项，就可以添加五笔输入法了，如图 22-6 所示。

图 22-5 单击"添加键盘"按钮

图 22-6 选择"微软五笔输入法"选项

完成后在屏幕的右下角单击"输入法"图标，就可以看到已经成功安装的输入法了。

（2）使用第三方输入法工具。

目前市场上的输入法有许多，用户可以依据喜好下载输入法并进行安装。本任务以搜狗输入法为例，提供一个可以操作的范本，其他输入法的安装与此过程基本相同。通过百度等工具找到输入法的官方网站，如图 22-7 所示。不建议在非官方网站中下载输入法，以防有额外的广告插件。

图 22-7　搜狗输入法官方网站

在下载完成后，双击程序即可启动安装。在完成后就可以正常地使用搜狗输入法了。

Step 2：安装 WPS 办公软件

在 WPS 的官方网站中下载 WPS 软件，如图 22-8 所示。在这里可以选择"WPS Office 2019 PC 版"选项。

图 22-8　WPS 官方网站

在下载完成后，双击打开程序，单击"立即安装"按钮即可开始安装 WPS 软件，如图 22-9、图 22-10 所示。

图 22-9　WPS 软件安装程序

图 22-10　安装 WPS 软件

在首次进入系统时，程序会询问用户的类型，如果您没有付费成为会员，则单击"免费使用"按钮，如图 22-11 所示。

在进入程序主界面后，会提示用户尚未登录，如图 22-12 所示。此时可以忽略该提示信息，直接关闭即可。在程序主界面中还有一个官方的网上文档资源推广网站——稻壳商城，如果不想使用，则可以右击"稻壳"标签，在弹出的快捷菜单中选择"关闭"命令即可，如图 22-13 所示。

图 22-11　选择用户类型

图 22-12　程序主界面

单击"新建"按钮，在图 22-14 所示的界面中可以看到 WPS 软件已经高度集成，包含文字（相当于 Microsoft Word）、表格（相当于 Microsoft Excel）、演示（相当于 Microsoft PowerPoint）、PDF、脑图等，用户只需选择对应的选项就能使用相关功能，操作极为方便。

图 22-13　关闭稻壳商城

在菜单栏中选择"文件"选项，弹出的对话框如图 22-15 所示。在这里可以对软件及文档的各个属性做个性化的定制。以"选项"子菜单中的"常规与保存"选项为例，设定文件的默认保存格式，如图 22-16 所示。

图 22-14　新建文档

图 22-15　选择"文件"选项

图 22-16　文件默认保存格式

由于 WPS 软件免费对个人用户开放，因此软件开发商需要通过广告推送来维持正常的运营及后续研发。如果实在不堪广告推送之扰，也可以在"其他选项"中关闭热点及广告弹窗推送，如图 22-17 所示。

图 22-17　关闭广告推送

至此，WPS 的安装与基本配置就完成了。该软件还有不少高级功能，请自行研究挖掘，在此不再赘述。

1. WPS 软件

WPS Office 是由金山软件股份有限公司自主研发的一款办公软件套装，可以实现办公软件最常用的文字、表格、演示、PDF 阅读等功能；具有内存占用低、运行速度快、云功能多的优点，有强大的插件平台的支持，可以免费提供海量在线存储空间及文档模板；支持阅读和输出 PDF（.pdf）文件，具有全面兼容 Microsoft Office 97 ~ Microsoft Office 2010 格式（.doc/ .docx/.xls/.xlsx/.ppt/.pptx 等）的独特优势；覆盖 Windows、Linux、Android、iOS 等多个平台；支持桌面和移动办公。WPS Office 移动版已经通过 Google Play 平台覆盖超 50 个国家和地区。

2. WPS 软件的主要版本

（1）个人版。

WPS Office 个人版是一款对个人用户永久免费的办公软件，其将办公与互联网结合起来，多种界面可以随心切换，还提供大量的精美模板、在线图片素材、在线字体等资源，帮助用户轻轻松松打造优秀文档。WPS Office 个人版包括四大组件：WPS 文字、WPS 表格、WPS 演示及轻办公，能无障碍兼容 Microsoft Office 格式的文档，可以直接打开、保存 Microsoft Office 格式的文档，Microsoft Office 也可以正常编辑 WPS Office 保存的文档。除了在文档格式上兼容，WPS Office 在使用习惯、界面功能上也与 Microsoft Office 深度兼容，降低了用户的学习成本，完全可以满足个人用户日常的办公需求。

（2）校园版。

WPS Office 校园版是专为师生打造的全新 Office 套件。在融合文档、表格、演示三大基础组件之外，校园版新增了 PDF 组件、协作文档、协作表格、云服务等功能；针对各类教育用户的使用需求，新增基于云存储的团队功能，LaTeX 公式、几何图、思维导图等专业绘图工具，以及论文查重、超级简历、文档翻译、文档校对、OCR、PDF 转换等 AI 智能快捷工具；承载更多免费云字体、版权素材、精美模板、精品课程等内容资源，致力于为教育用户量身打造一款"年轻·个性·创造"的办公软件。

（3）专业版。

WPS Office 专业版是专为企业用户提供的办公软件，凭借强大的系统集成能力，如今已经被超过 240 家系统开发厂商应用，实现与主流中间件、应用系统的无缝集成，完成企业应用系统的零成本迁移。

（4）移动专业版。

WPS Office 移动专业版提供基于 Android、iOS 等主流移动平台的 Office 应用产品，同时实现与 Windows、Linux 平台上的 WPS Office 的互联互通。用户不论通过 PC、智能手机还是平板电脑，都能够获得相同的使用体验，享受方便快捷的办公方式。

同时，WPS Office 移动专业版为移动办公提供了解决方案，通过成熟的 SDK 接口技术，兼容 OA、ERP、财务等系统的移动端应用，并通过应用认证、通信加密、传输加密等，保证文档在产生、协同、分享及与其他应用系统的通信过程中的安全，真正实现安全无忧的移动办公。

3. Microsoft Office

Microsoft Office 是由微软公司开发的一套基于 Windows 操作系统的办公软件套装，常用组件有 Word、Excel、PowerPoint 等，其最新版本为 Microsoft 365。该软件最早出现于 20 世纪 90 年代初期，当时是一个推广用的名称，是一些以前曾单独发售的软件的合集，其推广重点是购买合集比单独购买组件省钱。最初版本的 Microsoft Office 只有 Word、Excel 和 PowerPoint，另一个专业版包含 Microsoft Access。随着时间的流逝，Microsoft Office 逐渐整合为现在众所周知的办公软件。

作业布置

一、填空题

1. Windows 10 操作系统自带 _____ 与五笔输入法，只要进行简单的配置就可以使用。

2. 市场上流行的输入法有很多，用户可以依据喜好找到输入法的官方 _____，分别下载不同的输入法并进行安装。

3．WPS 软件已经高度集成，将 _____（相当于 Microsoft Word）、_____（相当于 Microsoft Excel）、_____（相当于 Microsoft PowerPoint）及 PDF、脑图等软件集成为一体。

4．WPS Office_____ 版是一款对个人用户永久免费的办公软件。

5．Microsoft Office 是由美国 _____ 公司开发的一套基于 Windows 操作系统的办公软件套装，常用组件有 Word、Excel、PowerPoint 等。

二、选择题

1．WPS 软件内集成了许多功能，下列对其功能组件描述不正确的是（　　　）。

　　A．WPS 文字　　　　B．WPS 表格　　　　C．WPS 演示　　　　D．WPS 数据库

2．WPS 软件有许多版本，以下哪一项不是它所提供的版本？（　　　）

　　A．个人版　　　　B．企业版　　　　C．校园版　　　　D．Office 2019 版

3．Microsoft Office 是一款应用广泛的办公软件，提供了许多功能组件，下面哪一项不是 Microsoft Office 所提供的常用组件？（　　　）

　　A．Word　　　　B．Excel　　　　C．PowerPoint　　　　D．PDF

任务 23　杀毒软件的安装与配置

////////// **任务描述** ////////// ---

计算机在投入使用后如果不加以防护，在上网冲浪时就很容易感染病毒与木马。本任务的目标是为计算机安装防木马软件与杀毒软件，使计算机能更健康、无故障地运行。

////////// **任务分析** ////////// ---

木马防护与病毒防护不完全相同，本任务要为计算机完成防木马软件与杀毒软件的安装与配置。

任务实施

Step 1：安装 360 安全卫士软件

（1）下载 360 安全卫士软件。

进入 360 的官方网站，在首页很容易找到 360 安全卫士软件的下载链接，如图 23-1 所示，单击"下载"按钮即可开始下载。

图 23-1　360 官方网站

（2）安装 360 安全卫士软件。

在下载完成后，双击程序开始安装，依据安装向导逐步进行安装即可，如图 23-2、图 23-3 所示。

图 23-2　安装 360 安全卫士软件　　　　　　　　　　图 23-3　安装完成

（3）使用 360 安全卫士软件进行检验。

在安装完成后，直接进入软件主界面。在主界面中可以直接对计算机进行全面检测，以查杀计算机存在的隐患及漏洞。单击"立即体检"按钮，开始检查，如图 23-4 所示。

360 安全卫士的全面检测功能可以依次对系统更新、关联项设置、常用软件垃圾、系统垃圾、痕迹信息、注册表、清理软件、网购先赔、启动项、系统关键位置进行检测，发现问题会及时预警。在检测完成后单击"一键修复"按钮即可，如图 23-5 所示。

主界面中菜单栏的第二项是"木马查杀"，选择该选项，单击"快速查杀"按钮，对计算机存在的木马病毒进行查杀，如图 23-6 所示。除了快速查杀，还可以选择全盘查杀、按位置查杀及强力查杀等。

最后对计算机中的所有文件做进一步的清理。在菜单栏中选择"电脑清理"选项。与快速清理不同的是，电脑清理后会在右侧工具栏中提供更为详细的清理方式，用户可以针对指定区域清理或者专门清理某个类型的垃圾文件，如图 23-7 所示。

图 23-4　主界面

图 23-5　全面检测

图 23-6　查杀木马

图 23-7　清理垃圾文件

在使用软件的常用功能后，接下来对软件进行个性化配置。单击程序右上角的菜单按钮，在下拉菜单中选择"设置"选项，对软件进行个性化配置，如图 23-8 所示。

图 23-8　个性化配置 360 安全卫士软件

在"360 设置中心"对话框中可以分别对基本设置、弹窗设置、开机小助手、安全防护中心、漏洞修复、木马查杀、游戏管家等模块进行个性化配置以满足用户需求，如图 23-9、图 23-10 所示。

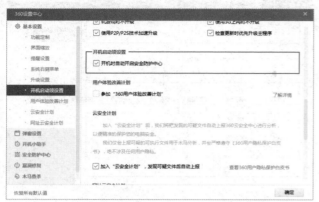

图 23-9　基本设置

图 23-10　配置木马查杀

Step 2：安装 360 杀毒软件

木马与病毒都能对计算机造成极大的危害，但木马与病毒不完全一样，因此只有防木马软件并不能对计算机起到全面的防护作用，还需要为计算机加上一道防护屏障，即安装防病毒软件。接下来仍以 360 系列产品——360 杀毒软件为例进行讲解。

首先需要在 360 官方网站中下载 360 杀毒软件，找到下载链接，单击"下载"按钮即可。

在下载完成后，双击程序即可启动安装向导，如图 23-11 所示。勾选"阅读并同意许可使用协议和隐私保护说明"复选框，单击"立即安装"按钮，软件将自动开始安装。

在完成安装后，软件将自启动并运行，主界面如图 23-12 所示。在主界面中可以方便、快速地进行全盘扫描与快速扫描。一般来讲，快速扫描会查杀内存中已执行的程序文件与系统中关键程序的位置。全盘扫描会针对硬盘中的所有文件进行查杀，不管是否正在执行。全盘扫描费时费力，但查杀效果更好。

图 23-11　360 杀毒软件安装向导

图 23-12　360 杀毒软件主界面

　　单击主界面右下角的"自定义扫描"按钮，软件将针对用户需求，查杀指定的位置，既能节省时间，又能达到安全防护的效果。例如，在外来移动硬盘插入计算机后，打开文件之前最好对该移动硬盘进行专门的硬盘查杀以确保计算机的安全，此时就可以使用自定义扫描功能，如图 23-13 所示。

　　在完成相关的查杀任务后，还需要了解系统设置。单击右上角的"设置"按钮，弹出"360杀毒 - 设置"对话框，如图 23-14 所示。

图 23-13　自定义扫描

图 23-14　"360 杀毒 - 设置"对话框

　　选择"升级设置"选项，可以依据工作习惯及网络情况对升级时间进行灵活设置。例如，利用午休时间进行病毒库的升级，如图 23-15 所示；还可以对在发现病毒时是由系统自动处置还是提醒用户并由其决定如何操作，以及定时查杀的时间进行设置，如图 23-16 所示。

图 23-15　设置病毒库升级时间

图 23-16　设置病毒扫描方式

　　选择"实时防护设置"选项，可以对系统的防护级别做出设置，防护级别设置得高可以更好地保护系统，但会在一定程度上影响系统性能，特别是对一些老旧计算机的影响比较大。防护级别越低，对系统性能的影响越小，但会导致系统的防护性降低，如图 23-17 所示。

有时杀毒软件会对某些文件存在误杀和误报的情况，可以通过文件白名单解决该问题，将确认是正常无病毒的文件设置为可信文件，即白名单免杀文件，具体设置如图 23-18 所示。

图 23-17　设置防护级别

图 23-18　设置文件白名单

知识链接

一、木马病毒

木马病毒是指隐藏在正常程序中的一段具有特殊功能的恶意代码，是具备破坏和删除文件、发送密码、记录键盘和攻击 DOS 等特殊功能的后门程序。木马病毒其实是黑客用于远程控制计算机的程序，通过使控制程序寄生于被控制的计算机系统中，对感染木马病毒的计算机实施操作。一般的木马病毒会寻找计算机后门，伺机窃取计算机中的密码和重要文件，并对计算机实施监控、资料修改等非法操作。

二、计算机病毒

计算机病毒（Computer Virus）是黑客在计算机程序中插入的用于破坏计算机的功能和数据，并能自动复制的一组计算机指令或者程序代码。

计算机病毒是人为制造的，具有破坏性、传染性和潜伏性，会对计算机信息和系统造成破坏。计算机中病毒后，轻则运行速度下降，重则死机或系统崩溃。

1. 传播途径

计算机病毒有自己的传播模式和不同的传播路径。计算机的主要功能是自动复制和传播，这意味着计算机病毒的传播非常容易，只要是可以交换数据的环境就可以进行病毒传播。有 3 种主要的计算机病毒传播方式。

（1）通过移动存储设备进行病毒传播，如 U 盘、CD、软盘、移动硬盘等都可以是传播病毒的路径，而且因为它们经常被移动和使用，所以更容易得到计算机病毒的"青睐"，成为计算机病毒的携带者。

（2）通过网络传播，网页、电子邮件、QQ 等都可以是计算机病毒网络传播的途径。近年来，随着网络技术和互联网的发展，计算机病毒的传播速度越来越快，范围也在逐步扩大。

（3）利用计算机系统和应用软件的弱点传播。近年来，越来越多的计算机病毒利用计算机系统和应用软件的弱点进行传播，因此这种途径也被划分在计算机病毒的基本传播方式中。

2. 病毒特征

任何病毒只要侵入系统，就会对系统及应用程序产生不同程度的影响。轻者会降低计算机工作效率，占用系统资源；重者会导致数据丢失、系统崩溃。计算机病毒的程序性代表它和其他合法程序一样，是一段可执行的程序，但它不是一段完整的程序，而是寄生在其他可执行程序上的，只有在其他程序运行的时候，病毒才能发挥破坏作用。病毒一旦进入计算机并得到执行，就会搜索其他符合条件的环境，确定目标后将自身植入其中，从而达到自我繁殖的目的。因此，传染性是判断计算机病毒的重要条件。

病毒只有在满足特定条件时才会对计算机产生致命的破坏，计算机系统在中毒后不会马上反应，病毒会长期隐藏在系统中。病毒在一般情况下都附在硬盘或者程序中，其使用的编程技巧很复杂，计算机用户在它被激活之前很难发现。因此即使它是一种短小精悍的可执行程序，也对电脑有着毁灭性的作用。用户不会主动执行病毒程序，但是病毒会在条件成熟后自动产生作用，破坏或扰乱系统的工作。非授权运行性是计算机病毒的典型特点，使病毒在未经操作者许可的情况下自动运行，并且具有隐蔽性、破坏性、传染性、寄生性、可执行性、可触发性、主动攻击性、病毒针对性。

三、木马与病毒的主要区别

木马一般会伪装成正常的程序，与病毒的一个重要的区别是它不像病毒那样自我复制。例如，木马程序包含恶意代码，这些代码在被触发时会导致数据丢失甚至被盗。

病毒有两个重要的特征：自我执行与自我复制。某些计算机病毒被设计出来就是为了破坏计算机系统，包括破坏已有程序、删除文件等，因此病毒会尽可能传染给更多的计算机，而木马则是为了某些经济利益而潜伏在计算机内执行某些操作的。

四、如何防范病毒

1．安装最新的杀毒软件

通过最新的杀毒软件，每天升级杀毒软件病毒库，定时对计算机进行病毒查杀，上网时要开启杀毒软件的全部监控。

2．培养良好的上网习惯

例如，慎重打开不明邮件及附件，不访问可能带有病毒的网站，尽可能使用较复杂的密码，不要运行从网络中下载后未经杀毒处理的软件等，不要随便浏览或登录陌生的网站，加强自我保护。现在有很多非法网站中潜入了恶意的代码，用户一旦打开，其计算机就会被植入木马或其他病毒。

3．培养信息安全意识

在使用移动存储设备时，尽可能不要共享这些设备，因为移动存储设备也是病毒进行传播的主要途径，是计算机病毒攻击的主要目标。在对信息安全要求比较高的场所，应将计算机上的 USB 接口封闭，有条件的情况下应该做到专机专用。

4．切断病毒传播途径

用 Windows Update 功能将应用软件升级到最新版本，如播放器软件、通信工具等，避免病毒以网页木马的方式入侵系统或者通过其他应用软件漏洞进行传播；将受到病毒侵害的计算机尽快隔离，在使用计算机的过程中，若发现存在病毒或者异常，则应该及时中断网络；当发现网络一直中断或者异常时，应该立即切断网络，以免病毒在网络中传播。

五、维护国家安全，人人有责

计算机病毒是人为编写的一段程序代码或指令集合，它不仅会对个人计算机造成危害，如果处置不当，还会对国家安全造成危害。日常生活中的手机支付、银行、电网、电信、公共交通等都离不开网络，一旦这些应用遭到病毒破坏，就会带来严重的危害。例如，西方某国的电网被攻击，造成大面积停电，从而带来数亿元的经济损失；中东某国的核设施遭受震网病毒攻击，导致国家安全利益受到严重损害；2022 年 12 月，勒索病毒在全世界爆发，也给全世界人民带来不可估算的经济损失。

所以维护网络安全不只是个人的责任，更是全社会的责任。只有强化这样的意识，才能更好地维护国家安全。保障网络安全就是保障国家主权，维护网络安全就是维护人民权利。

作业布置

一、填空题

1．计算机投入使用后如果不加以防护，在上网时很容易感染 ＿＿＿＿＿＿ 与 ＿＿＿＿＿＿＿。

2．360 安全卫士软件主要用来查杀 ＿＿＿＿＿＿＿＿＿。

3．360 杀毒软件主要用来查杀 ＿＿＿＿＿＿＿＿＿。

4．计算机病毒是黑客在计算机程序中插入的，用于破坏计算机的功能和数据，并能 ＿＿＿＿＿＿＿ 的一组计算机指令或者程序代码。

5．任何病毒只要侵入系统，都会对系统及应用程序产生不同程度的影响。轻者会降低计算机工作效率，占用系统资源；重者会导致 ＿＿＿＿＿＿＿＿＿＿＿、＿＿＿＿＿＿＿＿＿＿＿。

二、选择题

1．下面对于计算机病毒特征的描述中，正确的是（　　　　）。

    A．隐蔽性、破坏性

    B．传染性、寄生性、可执行性

    C．可触发性、攻击的主动性、病毒的针对性

    D．以上都对

2．病毒的传播途径主要有 3 种，下列哪一种途径不是其主要传播方式？（　　　　）

    A．通过移动存储设备进行病毒传播

    B．通过网络传播

    C．利用计算机系统和应用软件的弱点传播

    D．通过物品的亲密接触

3．在安装防病毒软件后，应该开启即时防护，下列哪一项不是防护级别设置中的选项？（　　　　）

    A．最高级　　　　B．高级　　　　C．中级　　　　D．低级

第四部分
计算机维护

操作系统的备份

能力目标

☑ 能使用各类工具对系统中的重要数据进行备份。

素养目标

☑ 具有继续学习新知识、新技术的自觉性。

思政目标

☑ 养成认真严谨的工作态度，培养大国工匠精神。

☑ 树立社会主义核心价值观和为中华民族伟大复兴而奋斗的信念。

任务 24　使用 GImageX 备份操作系统

//////////　**任务描述**　//////////

计算机系统在使用过程中经常会因为出现故障而需要做系统还原。本任务的目标是使用微软公司提供的 GImageX 对系统进行备份。

//////////　**任务分析**　//////////

由于是对系统盘进行备份与还原操作，因此我们需要先将 GImageX 复制到引导盘 PE 中，在重新用 PE 盘进行引导后再进行操作，这样可以确保备份与还原操作不产生错误。

任务实施

Step 1：下载 GImageX 软件

GImageX 软件可以通过图 24-1 所示的界面下载。

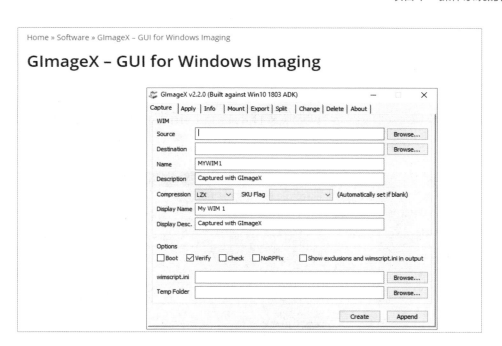

图 24-1　软件下载

在下载完成后，将软件复制到 PE 盘中并启动系统。

Step 2：使用 GImageX 软件备份系统

在启动 PE 程序后，双击 GImageX 软件的图标即可启动 GImageX 软件，如图 24-2 所示。

在启动 GImageX 软件后，界面如图 24-3 所示。将捕获来源设定为 C 盘，设定文件的保存位置，指定需要保存的文件名称，将压缩算法设定为 XPRESS（快速压缩算法），也可以设定为 LZX 算法，Windows 版本标识可以暂不设置，由系统自动设定。在基本设定完成后，单击"创建新映像"按钮，进行映像的创建。

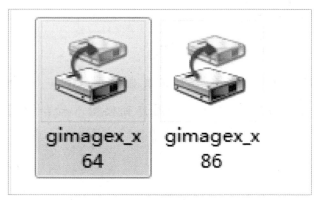

图 24-2　启动 GImageX 软件

图 24-3　创建新映像

在系统发生改变后，使用 GImageX 软件可以实现增量备份，而使用 Ghost 软件只能对系统盘进行完全备份，这是 GImageX 软件与 Ghost 软件最大的区别。

Step 3：使用 GImageX 软件备份系统

在系统出现问题后，可以快速使用 GImageX 软件进行系统的还原操作。打开 GImageX 软件，选择"释放映像"选项，选择映像文件的位置，指定还原目标盘符的位置，如图 24-4 所示。

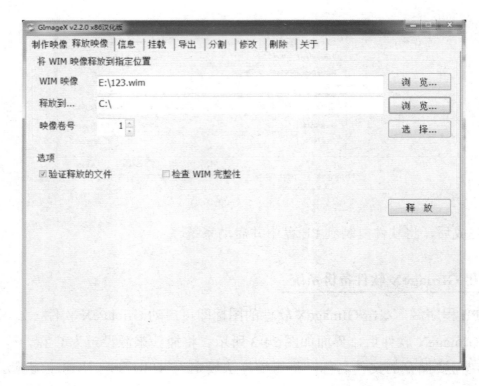

图 24-4　备份系统

知识链接

1. GImageX 软件

GImageX 是第三方开发者为微软公司发布的 ImageX 命令行工具制作的 GUI。它会将用户在软件界面中的操作翻译成命令，交给 ImageX 去执行，和用户直接输入命令使用 ImageX 的效果完全一样。

2. LZX

LZX 是 LZ77 数据压缩算法的一种，是一种高效的无损压缩算法。该算法与 LZX 归档工具都是由 Jonathan Forbes 与 Tomi Poutanen 一起开发的。微软 CAB 文件和微软压缩 HTML 帮助文件（CHM）使用的都是 LZX 压缩算法。

3. Ghost 软件

Ghost 软件由赛门铁克公司（Symantec Corporation）开发，是在安装好的操作系统中进行镜像克隆的版本，通常用于操作系统的备份，以及在系统不能正常启动的时候用来进行恢复。

4. 完全备份

完全备份是指用一盘磁带对整个系统进行完全备份，包括系统和数据。这种备份方式的好处就是很直观，容易被人理解。而且当发生数据丢失时，用户只要用一盘磁带（数据丢失发生前一天的备份磁带）就可以恢复丢失的数据。然而它也有不足之处，由于每天都要对系统进行完全备份，因此在备份数据中有大量数据是重复的，如操作系统与应用程序数据。这些重复的数据占用了大量的磁带空间，这对用户来说意味着增加成本；由于需要备份的数据量相当大，因此备份所需时间较长，对那些业务繁忙、备份窗口时间有限的企业用户来说，选择这种备份策略无疑是不正确的。

备份系统不会检查自上次备份后，文件有没有被更改过，而是机械性地将每个文件读出、写入，并备份全部的文件及文件夹，不依赖文件的存盘属性来确定备份哪些文件。

如果采用完全备份的策略，那么每个文件都会被写到备份设备上。这表示即使所有文件都没有变动，还是会占用许多存储空间。如果每天变动的文件只有 10MB，每晚却要花费 100GB 的存储空间做备份，那么这绝对不是个好方法。这也是推出增量备份（Incremental Backup）的主要原因。

5. 增量备份

增量备份是指在一次完全备份或上一次增量备份后，以后每次的备份只需备份与上一次相比增加或修改的文件。这就意味着，第一次增量备份的对象是进行完全备份后增加或修改的文件；第二次增量备份的对象是进行第一次增量备份后增加或修改的文件，依次类推。这种备份方式最显著的优点是没有重复的备份数据，因此备份的数据量不大，备份所需的时间很短。同时由于增量备份在做备份前会自动判断备份时间点及文件是否已作修改，因此相对于完全备份，增量备份对于节省存储空间也大有益处。

但增量备份的数据恢复是比较麻烦的。用户必须具有上一次完全备份和所有增量备份磁带（一旦丢失或损坏其中的一盘磁带，就会造成恢复的失败），并且必须沿着从完全备份到依次增量备份的时间顺序逐个反推恢复，会延长恢复时间。

要避免恢复一个又一个的递增数据，提升数据复原的效率，差异备份（Differential Backup）应运而生。

6. 差异备份

差异备份用于记录自上次完全备份之后对数据库的更改。差异备份较小，还原速度比完全备份更快且对系统性能的影响最小。

差异备份会备份自上一次完全备份后有变化的数据。在差异备份的过程中，只会备份有标记的文件和文件夹，而不清除标记，在备份后不会将文件标记为已备份文件，即不清除存档属性。在上一次完全备份到进行差异备份的这段时间内，对于那些增加或者修改文件的备份，在进行恢复时，只需对第一次完全备份和最后一次差异备份进行恢复即可。差异备份在避免了另外两种备份策略缺陷的同时，又具备了它们各自的优点。首先，它具有增量备份时间短、节省磁盘空间的优势；其次，它具有完全备份恢复所需磁带少、恢复时间短的特点。系统管理员只需要两盘磁带，即完全备份磁带与数据丢失前一天的差异备份磁带，就可以将系统恢复。

作业布置

一、填空题

1. 在对系统盘进行备份与还原操作时，需要先将软件复制到 ＿＿＿＿＿＿ 中，在使用该盘引导后再进行操作。

2. 微软公司提供的 ＿＿＿＿＿＿ 工具可以对系统盘进行备份与还原操作。

3. ＿＿＿＿＿＿ 就是用一盘磁带对整个系统进行完全备份，包括系统和数据。

4. ＿＿＿＿＿＿ 是备份的一个类型，是指在一次完全备份或上一次增量备份后，以后每次的备份都只需备份与前一次相比增加或者修改的文件。

5. ＿＿＿＿＿＿ 备份用于记录自上次完全备份之后对数据库的更改。差异备份较小，还原速度比完全备份更快且对系统性能的影响最小。

二、选择题

1. 使用 GImageX 软件对系统盘进行备份，保存的文件格式（后缀名）为（ ）。

    A．wim   B．.rar   C．zip   D．.7z

2. （ ）工具是由第三方开发者为微软公司发布的命令行工具制作的GUI。

    A．Backup   B．GImageX   C．Schedule Task   D．Ghost

3. 常用的备份方式有哪些？（ ）

    A．完全备份   B．增量备份   C．差异备份   D．以上都对

任务 25　使用影子系统保护操作系统

-------- ////////// 任务描述 ////////// --------

使用 GImageX 软件可以方便地还原系统，但恢复仍然较麻烦。本任务的目标是安装影子系统并对操作系统进行动态保护。

-------- ////////// 任务分析 ////////// --------

首先下载软件，然后对其进行安装和配置，完成对操作系统的动态保护。

━━━━━━━━━━━━━━ 任务实施 ━━━━━━━━━━━━━━

Step 1：安装影子系统

在影子系统的官方网站中下载该软件，打开网站后可以直接下载，如图 25-1 所示。

图 25-1　影子系统官方网站

在软件下载完成后，双击程序即可开始安装。在影子系统软件的安装向导界面中，单击"下一步"按钮，如图 25-2 所示。

在许可协议界面中，单击"接受"按钮，如图 25-3 所示。

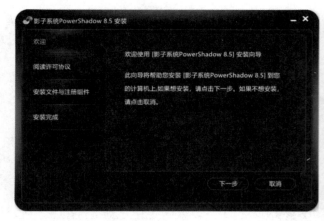

图 25-2　安装向导界面　　　　　　　　　　图 25-3　许可协议界面

等待程序安装完成，完成后如图 25-4 所示，单击"完成"按钮。在程序安装完成后会要求重新启动系统。系统重启后进入影子系统的功能选择界面，首次安装还没有进行配置，此时需要选择"正常"选项，如图 25-5 所示。

图 25-4　完成安装　　　　　　　　　　图 25-5　选择"正常"选项

Step 2：配置影子系统

在进入影子系统后，桌面上会出现一个影子系统的快捷方式，如图 25-6 所示。双击启动影子系统，如图 25-7 所示。

在图 25-7 所示的"模式选择"选项卡中，可以看到工作模式有 3 种。

（1）正常模式。

该模式为完全开放模式，不会对任何数据盘进行保护。

（2）单一影子模式。

该模式仅对操作系统盘进行保护，正常情况下仅对 C 盘进行保护。

（3）完全影子模式。

该模式将对所有盘进行保护。

图 25-6　影子系统的快捷方式

图 25-7　模式选择

在图 25-8 所示的"开机启动"选项卡中，可以设定影子系统开机时的显示和等待时间。在这里只显示单一影子模式或完全影子模式，或者二者同时显示。将默认启动模式设定为单一影子模式，也可按需要设定为完全影子模式。将开机启动等待时间设定为 15 秒。

在"提醒设置"选项卡中，可以设置保护模式的提醒，方便用户及时知晓系统的工作状态，如图 25-9 所示。

图 25-8　"开机启动"选项卡

图 25-9　"提醒设置"选项卡

系统在默认安装时，会将用户的个人数据都保存到 C 盘。从数据保护的角度看，数据在 C 盘中是较不安全的。在单一影子模式下，用户的个人数据可能会因每次开机后系统的自动还原而丢失。图 25-10 所示的"目录迁移"选项卡可以将用户的桌面数据、我的文档数据、收藏夹数据及 Outlook Express 文件夹（若有的话）数据都迁移至 D 盘或其他盘中。这样用户既可以在桌面或个人文件夹中保存私有数据，又能让影子系统更好地执行单一影子保护模式。

在图 25-11 所示的"密码设置"选项卡中，可以对正常模式及单一影子模式进行密码设置，防止其他用户进入正常模式并对系统进行恶意操作。

在上述配置都完成后，重新启动计算机就可以使用影子系统来保护操作系统了。计算机在每次开机后，都将恢复到初始状态，避免因为误操作以及病毒与木马对操作系统带来危害，实现对操作系统的动态保护。

图 25-10 "目录迁移"选项卡

图 25-11 "密码设置"选项卡

1. 影子系统

影子系统（PowerShadow）是一款免镜像、免克隆、虚实结合的虚拟软件。对于常常进行软件测试又担心对系统造成破坏的用户，利用虚拟机软件 VMware、VPC 来制作虚拟操作系统有时会比较麻烦，而软件盒子中的影子系统可以创建与现有的操作系统完全一样的系统，用户可以随时启用或者退出这个虚拟影像系统。影子系统不同于还原类软件，后者需要做镜像设置还原点，而影子系统不需要这样。影子系统并非完全是虚拟系统，它既可以是虚拟的，又可以是真实的。

在安装影子系统并重新启动计算机后，计算机会多出一个启动项，只需选择"PowerShadow Master"启动项，就可以大胆地操作了，在这种状态下的一切操作都是虚拟的，包括安装程序，在用原系统启动时都是无效的。这对程序安装测试非常有用，用户完全不必担心在安装、卸载时产生垃圾文件。

2. 工作原理

在加载 Windows 之前，建立被保护磁盘的磁盘分配表副本，在副本分配表中标记原来的已分配区域为只读，影子系统重新定向所有来自 Windows 的磁盘修改操作到原空余区域中，并且只刷新分配表副本。一旦系统重新启动，原分配表和原分配表标记的已分配区域数据不会发生变化，从而在不增加任何额外的磁盘读写的前提下实现对原磁盘数据的保护。影子系统的软件层面相当于 BIOS 扩展而不是 Windows 的一部分，如果计算机本身没有漏洞和错误，且硬件没有故障和错误，那么任何 Windows 程序都无法攻破影子系统的磁盘保护。影子系统的核心规模很小，做到无 bug 也是很容易的。

作业布置

一、填空题

1．影子系统是一款免镜像、免克隆的 _____ 结合的虚拟软件。

2．在软件安装完成并重新启动后，在启动模式中默认使用 _____ 模式。

3．在使用影子系统后，用户的一切操作都是 _____ 的，对程序安装测试非常有用，完全不必担心在安装、卸载时产生垃圾文件。

4．在加载 Windows 操作系统之前，影子系统会重新定向所有的磁盘修改操作到 _____ 区域，并且只刷新分配表副本。

5．影子系统的软件层面相当于 _____，而不是 Windows 操作系统的一部分。

二、选择题

1．在影子系统安装完成后，有哪几种开机方式？（   ）

　　A．正常模式　　　　　　　　B．单一影子模式

　　C．完全影子模式　　　　　　D．以上都对

2．以下关于影子系统的描述，正确的是（   ）。

　　A．软件需要付费，否则无法使用

　　B．安装简单，容易使用，保护性好，适合经常需要安装软件做各类测试的用户

　　C．功能很强大，比 VMware 软件的功能丰富得多

　　D．在安装完成后只需要简单地设置还原点就可以使用

3．安装影子系统的优点是（   ）。

　　A．能动态保护系统指定盘不受病毒与木马的侵害

　　B．安装简单易用

　　C．可以将 C 盘中的个人数据转移至其他盘中，并保存用户在使用过程中的数据

　　D．以上都对

项目十一
计算机的维护

能力目标

☑ 能进行文件系统的优化与整理。

☑ 能对计算机进行简易的安全防护。

☑ 能对计算机进行除尘保养。

思政目标

☑ 具有继续学习新知识、新技术的自觉性。

☑ 具有良好的服务意识。

素养目标

☑ 养成认真严谨的工作态度，培养大国工匠精神。

☑ 树立社会主义核心价值观和为中华民族伟大复兴而奋斗的信念。

任务 26　文件系统优化与整理

────────── /////////// 任务描述 /////////// ──────────

计算机长期频繁地读写硬盘会不可避免地产生文件碎片，大量的文件碎片会影响系统的正常运行。本任务的目标是对计算机文件系统进行优化与整理。

────────── /////////// 任务分析 /////////// ──────────

文件碎片的优化与整理可以使用系统自带的工具完成，也可以使用第三方工具完成。

任务实施

Step 1：使用 Windows 10 操作系统内置的工具进行文件系统优化与整理

打开文件资源管理器，右击 C 盘，在弹出的快捷菜单中选择"属性"命令，如图 26-1 所示。

在弹出的对话框中选择"常规"选项，单击"磁盘清理"按钮，如图 26-2 所示。清理磁盘中不必要的垃圾文件，可以为后期的磁盘碎片整理做准备。

图 26-1　选择"属性"命令

图 26-2　选择"常规"选项

启动磁盘清理工具，对磁盘中的垃圾文件进行扫描，如图 26-3 所示。

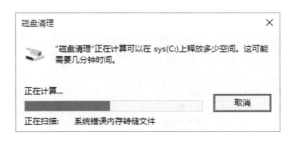

图 26-3　扫描垃圾文件

在扫描工作完成后，按需选择要清理的垃圾文件，如图 26-4 所示。在选择完成后，启动清理工具，如图 26-5 所示。

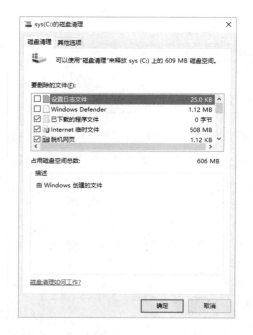

图 26-4 选择需要清理的垃圾文件

图 26-5 清理垃圾文件

在完成常规的垃圾文件清理后，选择"工具"选项，如图 26-6 所示。

在整理磁盘碎片之前，需要对磁盘的碎片情况做分析，由系统确认碎片的整理与优化方案，单击"分析"按钮即可对所选磁盘分区进行优化前的分析。在优化完成后，单击"优化"按钮即可对磁盘碎片进行整理，如图 26-7 所示。

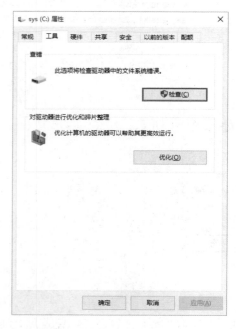

图 26-6 选择"工具"选项

图 26-7 整理磁盘碎片

Windows 10 操作系统内置的碎片优化程序可以和计划任务相结合，能通过执行计划任务定期进行优化，单击"更改设置"按钮，如图 26-8 所示。要想设定系统在空闲的时候执行磁盘文件系统的优化操作，可以将"优化计划"选区中的"频率"选项设定为每月、每周、每日，单击"选择"按钮可以设定需要碎片优化与整理的驱动器，如图 26-9 所示。

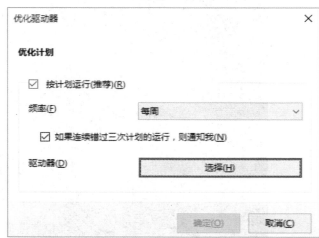

图 26-8 单击"更改设置"按钮　　　　　图 26-9 设定优化频率和驱动器

Step 2：使用第三方工具进行文件系统优化与整理

磁盘文件系统整理的第三方工具有很多，在这里选用的是 IObit 公司的 Smart Defrag 6 软件，IObit 官方网站如图 26-10 所示。

图 26-10　IObit 官方网站

下载完成后的程序如图 26-11 所示，双击程序即可执行安装。程序安装完成后的主界面如图 26-12 所示。

Smart Defrag 软件非常容易使用，在主界面中会依次显示本机系统所拥有的磁盘信息。选择需要整理的磁盘，在这里选择 C 盘，单击"智能磁盘整理"按钮。

IObit_Smart_Defrag_Pro_6.6.5.16

图 26-11　Smart Defrag 6 程序

图 26-12　Smart Defrag 程序的主界面

　　在开始智能磁盘整理后，界面如图 26-13 所示。绿色为连续的文件系统，红色为有文件碎片的区域。在智能磁盘整理完成后，红色区域将逐渐转变为绿色，如图 26-14 所示。

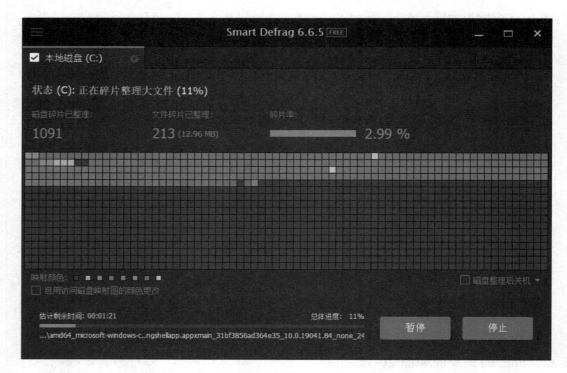

图 26-13　开始智能磁盘整理

　　单击"查看报告"按钮，查看更详细的记录，如图 26-15 所示。在报告中可以看到总的文件数和目录数、磁盘碎片整理数、文件碎片整理数、垃圾清理数等信息。

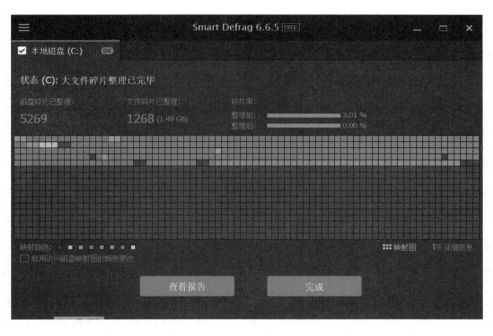

图 26-14 完成智能磁盘整理

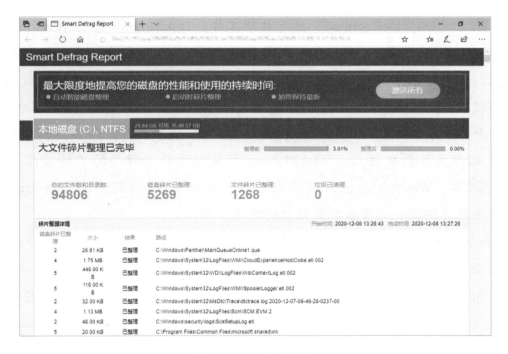

图 26-15 查看报告

知识链接

1. 文件碎片

文件碎片是因为文件被分散保存到磁盘的不同地方，而非连续地保存在磁盘连续的簇中而产生的。

　　知道了文件碎片产生的原因后，还有必要了解一下程序运行时磁盘的读写操作。在运行一个程序时，磁盘驱动器的磁头所做的工作是先搜索该程序运行所需的文件，然后读取数据，最后做读后处理，将数据传送至磁盘高速缓存（Cache）和内存中。搜索时间在硬盘性能指标中被称为平均寻道时间（Average Seek Time），单位为毫秒（ms）。当下主流硬盘的平均寻道时间小于9.5ms。如果能将应用程序的相关文件放在磁盘的连续空间内，则会减少很多磁头搜索的时间。在读取数据时也是如此，磁盘读取磁头下方扇区的数据所需的时间仅为先将磁头移到另一位置再读取相同数据所需时间的五分之一。在读取数据时，系统会先检查数据是否在高速缓存中，如果是则直接读取，如果不是则访问磁盘，也就是读盘。当需要多次读取同一份数据时，Cache的作用很大，但对于初次读取的文件，Cache就无能为力了。搜索时间和读取时间在很大程度上影响着程序执行的效率。

　　Windows操作系统不能自动地将每个文件按照最大程度减少磁头搜索时间的原则放到磁盘最合适的位置上，于是微软公司在Windows操作系统中加入了"Disk Defragment"（文件碎片整理程序），并提供了"TaskMonitor"（任务监视器）来跟踪程序启动过程中的磁盘活动，有利于"Disk Defragment"更有效地工作。TaskMonitor是随Windows操作系统启动而自动运行的（要将TaskMonitor设置为启动项）。当加载某个应用程序时，它通过监视磁盘的访问动作来了解该程序启动时搜索和调用的文件，对所需文件进行定位，并将监视结果存储在"C：\Windows\Applog"隐藏目录中。这个目录中的大多数文件以".lgx"为扩展名，其中"lg"代表记录文件（Log File），"x"代表盘符，如D盘程序就以".lgd"为扩展名。记录文件的文件名为TaskMonitor所监视的应用程序的文件名，如E盘上的WinZip程序记为"Winzip32.lge"。用户在整理文件碎片时，该程序会根据Applog目录中的信息把应用程序的相关文件移动到磁盘的连续空间内。

　　TaskMonitor仅在程序加载过程中对文件信息进行搜索，并且根据程序的加载频率调整优化的顺序，也就是说使用次数最多的软件可以获得最多的关照。Applog目录中的"APPLOG.ind"文件记录了应用程序运行的次数。用户需要多次启动常用软件，接受TaskMonitor的监视和记录，并使用Disk Defragment进行整理，才能真正提高程序启动的速度。但如果用户中途改变了常用软件，比如将以前常用的WinZip改为ZipMagic，那么在相当长的时间内，Disk Defragment还是会先把与WinZip相关的文件移动到连续的空间内，而不会对ZipMagic进行操作，除非ZipMagic的加载次数超过WinZip。要解决这个问题，用户可以将"Winzip32.lgx"文件删除，记录文件不存在了，Disk Defragment也就不会去优化它了。

2．IObit Smart Defrag 软件

IObit Smart Defrag 软件是一款免费且强大的碎片整理工具，采用业界先进的 Express Defrag 技术，碎片整理速度非常快，而且能够对磁盘的文件系统进行优化。借助领先的静默整理技术，IObit Smart Defrag 会在后台利用计算机的空闲时刻自动进行碎片整理，让硬盘一直保持较高的运行效率。IObit Smart Defrag 不带有任何插件，对个人、家庭及小企业用户是完全免费的，并且拥有独特的安装后，自动运行功能及碎片智能诊断技术，无须任何设置和人为操作就能够全自动运行。

作业布置

一、填空题

1．计算机在长期使用中频繁地读写硬盘会不可避免地产生文件 _____ 。

2．文件碎片是因为文件被 _____ 保存到磁盘的不同地方，而非连续地保存在磁盘连续的簇中产生的。

3．如果能将应用程序的相关文件放在磁盘的连续空间内，那么 _____ 搜索的时间将会减少很多。

4．Windows 操作系统并不能自动地将每个文件按照最大程度减少 _____ 的原则放到磁盘最合适的位置上。

5．Smart Defrag 6 软件是一款由第三方公司提供的 _____ 工具。

二、选择题

1．系统在长期使用后会产生文件碎片，文件碎片的产生会使系统的运行（　　　）。

　　A．变慢　　　　　　B．变快　　　　　　C．无影响　　　　　　D．以上都有可能

2．为了加快磁盘上文件碎片整理的效率，可以采用第三方工具进行碎片整理，下列哪一个程序是可以进行高效文件碎片整理的？（　　　）

　　A．TaskMonitor　　B．PowerShadow　　C．Smart Defrag　　　D．GImageX

3．关于 Smart Defrag 软件的描述正确的是（　　　）。

　　A．一款收费且功能很强大的碎片整理工具

　　B．采用业界先进的 Express Defrag 技术，碎片整理速度非常快

　　C．不带有任何插件

　　D．拥有独特的安装后，自动运行功能及碎片智能诊断技术，无须任何设置和人为操作就能够全自动运行

任务 27   维护计算机安全

维护计算机安全包括许多方面，防病毒、防木马只是其中的一个方面。本任务的目标是进一步通过各项设置维护计算机安全。

物理安全往往是最大的安全，需要从账户安全、锁屏安全、修补系统漏洞及配置防火墙方面入手，进一步维护计算机安全。

Step 1：设置账户密码

首先需要为计算机设置一个强有力的账户密码，避免使用简单的数字密码。右击"此电脑"图标，如图 27-1 所示，在弹出的快捷菜单中选择"管理"命令。

选择"系统工具"→"本地用户和组"→"用户"选项，在右侧窗格中右击"Administrator"，在弹出的快捷菜单中选择"重命名"命令，为该账户重新命名，如图 27-2 所示。

图 27-1   右击"此电脑"图标　　　　　　　　　图 27-2   为 Administrator 重命名

将 Administrator 账户重命名为 S8u3e。Administrator 为系统内置管理员账户，极易受到账户口令的暴力破解，在将该账户重命名后，暴力破解账户的难度将进一步提升，可以有效地保护计算机安全，如图 27-3 所示。

在完成账户重命名后，还需要为账户设置一个强口令。右击"S8u3e"，在弹出的快捷菜单中选择"设置密码"命令，如图 27-4 所示。弹出图 27-5 所示的对话框，单击"继续"按钮。

图 27-3 重命名账户

图 27-4 设置密码

弹出图 27-6 所示的对话框，为账户设定大小写混排且含有数字和特殊符号的强密码，长度最好超过 8 位。在此设置密码为 W7.sin@.com。

图 27-5 设置密码向导

图 27-6 为 S8u3e 账户设置密码

Step 2：设置屏幕保护

当用户长时间不在计算机屏幕前时，系统处于不设防状态，此时如果其他用户使用计算机进行恶意操作或窃取资料，则可能带来不可估量的损失。为了保护屏幕，应该启用屏保。

单击"开始"图标按钮，选择"设置"选项，如图 27-7 所示。

选择"个性化"选项，如图 27-8 所示。

选择"锁屏界面"选项，在右侧窗格中选择"屏幕保护程序设置"选项，如图 27-9 所示。

弹出"屏幕保护程序设置"对话框，如图 27-10 所示，用户可以依照实际情况选择合适的屏幕保护程序及其启动时间。勾选"在恢复时显示登录屏幕"复选框。

图 27-7　选择"设置"选项

图 27-8　选择"个性化"选项

图 27-9　选择"屏幕保护程序设置"选项

图 27-10　"屏幕保护程序设置"对话框

Step 3：修补系统漏洞

即使安装了防病毒软件与防木马软件，有时也无法完全防范病毒与木马。由于许多病毒与木马都是通过漏洞进行入侵与传播的，因此还需要将系统的各项漏洞补全。安装系统补丁既可以使用第三方工具，也可以使用系统自带的补丁更新工具。

首先，确保系统自带的更新服务程序运行正常。右击"此电脑"图标，在弹出的快捷菜单中选择"管理"命令。在"计算机管理"界面中，选择"服务和应用程序"→"服务"选项，在右侧窗格中查看"Windows Update"选项，确认服务正常运行，如图 27-11 所示。

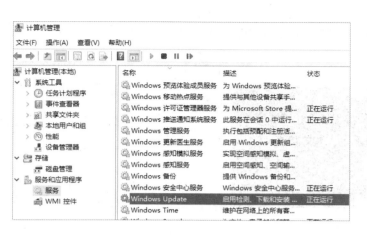

图 27-11　Windows Update 服务正常运行

　　然后，单击"开始"图标按钮，选择"设置"选项，选择"更新和安全"选项，如图 27-12 所示。在"更新和安全"界面中完成检测后，可以依据需要进行补丁的更新与安装，如图 27-13 所示。

图 27-12　选择"更新和安全"选项

图 27-13　更新和安装补丁

Step 4：防止账户被暴力破解

　　为了防止不法分子对账户密码进行多次尝试，使用账户暴力破解工具穷举账户口令等操作，还需要对账户的防攻击性做进一步的安全设置。接下来在组策略中对账户做进一步的加固。

　　单击"开始"图标按钮，选择"运行"选项，如图 27-14 所示，也可以通过组合键 <Win>+<R> 直接调用"运行"程序。

在"运行"对话框中输入"gpedit.msc"命令，如图 27-15 所示。单击"确定"按钮，启用组策略工具。

图 27-14　选择"运行"选项

图 27-15　输入命令

在打开的"本地组策略编辑器"界面中，选择"计算机配置"→"Windows 设置"→"安全设置"→"账户策略"→"账户锁定策略"选项。在右侧窗格中，将账户锁定阈值设定为 3 次，每次锁定时间为 30 分钟，如图 27-16 所示。在设置完成后，关闭该界面，并重启计算机，让策略尽快生效。

图 27-16　设置账户锁定策略

Step 5：开启系统防火墙

图 27-17　选择"网络和 Internet"选项

在正常情况下，每台计算机都应该由系统默认开启防火墙，但为安全起见还需要对防火墙的运行状态做进一步的检查，确保防火墙已经开启，如未开启则开启防火墙。

单击"开始"图标按钮，选择"设置"选项，选择"网络和 Internet"选项，如图 27-17 所示。

确认防火墙是打开的，如图 27-18 所示。Windows 防火墙还有许多高级设置，如图 27-19 所示，在此不做讲解，您可以自行研习。

图 27-18　防火墙运行状态　　　　图 27-19　Windows 防火墙高级设置

知识链接

一、密码强度

密码强度指的是一个密码对抗猜测或暴力破解的有效程度，一般用来表示一个未授权的访问者尝试得到正确密码的平均次数。密码的强度与其长度、复杂度和不可预测度有关。强密码可以降低安全漏洞的整体风险。

一般而言，用户在创建一个新账户时会被要求输入密码。用户一般会模式化地设置密码，并粗略地估计这种密码的强度，而这样创建的账户很容易被不法分子窃取。

1. 弱密码

弱密码是易于猜测的密码，主要有以下几种。

（1）按顺序排列或重复的字符：12345678、111111、abcdefg 或 asdf、qwer 这种键盘上相邻的字母。

（2）使用仅外观类似的数字或符号进行替换：使用数字"1""0"替换英文字母"i""o"，字符"@"替换字母"a"等。

（3）账户名的一部分：密码为账户名的一部分或完全和账户名相同。

（4）常用的单词：自己和熟人的名字及其缩写，常用的单词及其缩写，宠物的名字等。

（5）常用的数字：自己或熟人的生日、证件编号及名字、称号等字母的简单组合。

下面是一些常见的弱密码。

- admin：太容易猜出。
- 123：同上。
- abcde：同上。
- abc123：同上。
- 123456：极其常用。
- 1234：同上。
- 888888：同上。

2. 强密码

一个强密码通常要足够长并且排列随机，这样就需要花费很多时间才能够破解。强密码应该包括 14 个字符或更长（至少 8 个字符），包括大小写字母、数字和符号。下面是强密码的一些例子（由于以下密码已经公开，所以已经不具备安全性，在此只作为说明例子）。

- t3MEIfreryeT45410A：不是字典中的单词，既有数字也有字母。
- w2M1gD1cxJhs5UH4pQh1EgjOU9yWYRkk：同上。
- Convert_100 £ to Euros!：足够长，并且有扩展符号增加强度。
- *ot$fet ÷ × ’ Fr54⅛9&%u：包含键盘上没有的字符。
- 9fad37a6aab5912dfa273521d11e0175fa0e8c95：随机字串。

二、组策略管理器

组策略（Group Policy）顾名思义是基于组的策略。它以 Windows 操作系统中的一个 MMC 管理单元的形式存在，可以帮助系统管理员针对整个计算机或特定用户进行多种配置，包括桌面配置和安全配置，如为特定用户或用户组定制可用的程序、桌面上的内容、"开始"菜单选项等，以及在整个计算机范围内创建特殊的桌面配置。简而言之，组策略是 Windows 操作系统中系统更改和配置管理工具的集合。

三、账户暴力破解

在进行归纳推理时，如果逐个考察某类事件所有可能的情况，从而得出一般结论，那么该结论是可靠的，这种归纳方法叫作枚举法。暴力破解其实就是一种枚举，对所有可能的账户与密码一一进行尝试，直到正确为止。

四、防火墙

防火墙是借助硬件和软件，在内部和外部网络之间产生的一种保护屏障，用于实现对计算机网络不安全因素的阻断。只有在防火墙同意的情况下，用户才能够进入计算机，否则会被阻拦。防火墙技术的警报功能十分强大，在外部用户要进入计算机时，防火墙会迅速发出相应的警报，提醒用户的行为，并进行自我判断来决定是否允许外部的用户进入内部。只要是在网络环境内的用户，防火墙都能够进行有效的查询，同时向用户显示查到的信息。用户可以按照自身需要对防火墙进行相应设置，对不允许的用户行为进行阻断。防火墙能够对信息数据的流量进行有效的查看，并对数据信息的上传和下载速度进行掌握，便于用户对计算机的使用情况做出良好的控制和判断。计算机系统内部的情况（包括启动与关闭程序）可以通过防火墙进行查看，而计算机系统内部的日志功能，其实也是防火墙对计算机系统内部的实时安全情况与每日流量情况进行的总结和整理。

防火墙会对流经它的网络通信进行扫描，这样能够过滤一些攻击，以免其在目标计算机上被执行。防火墙还可以关闭不使用的端口，并且禁止特定端口的通信流出，封锁木马并禁止来自特殊站点的访问，从而防止来自不明用户的所有通信。

作业布置

一、填空题

1. 要维护计算机安全，首先需要为计算机设置一个 ＿＿＿＿＿＿ 的账户密码，避免使用简单的数字密码。

2. 为了增加黑客对账户密码进行暴力破解的难度，可以将 Administrator 账户 ＿＿＿＿＿＿ 名称。

3. 许多病毒与木马都是通过系统与软件的 ＿＿＿＿＿＿ 进行入侵与传播的，因此需要及时地更新补丁。

4. 一个强密码通常要足够长，排列随机，这样就需要花很多时间才能够破解。强密码应该包括 ＿＿＿＿＿＿ 个字符或更长（至少 ＿＿＿＿＿＿ 个字符），包括大小写字母、数字和符号。

5. 组策略顾名思义是基于组的策略。它以 Windows 操作系统中的一个 MMC 管理单元的形式存在，可以帮助系统管理员针对 ＿＿＿＿＿＿ 或 ＿＿＿＿＿＿ 来进行多种配置。

二、选择题

1. 以下密码属于安全的强密码的是（　　　　）。

A. admin5　　　　　　　　　　B. abc123#

C. 88888823456　　　　　　　D. www@Sina.38

2. 在使用组策略保护账户时，可以完成的操作是（　　　　）。

A. 设定账户的锁定时间　　　　B. 设定账户锁定阈值

C. 重置账户锁定计数器　　　　D. 以上都可以

3. 关于防火墙的描述，以下不正确的是（　　　）。

A. 防火墙主要借助硬件和软件的作用于内部和外部网络的环境间产生一种保护的屏障，从而实现对计算机网络中不安全因素的阻断

B. 只有在防火墙同意的情况下，用户才能够进入计算机，如果不同意则会被阻拦

C. 防火墙会对流经的网络通信进行扫描，这样能够过滤一些攻击，以免其在目标计算机上被执行

D. 防火墙的功能非常强大，只要安装并开启了防火墙，就能确保计算机不被黑客攻击

任务 28　计算机除尘操作

////////// 任务描述 //////////

计算机各部件在长期使用中会吸附灰尘，严重的会影响计算机运行。本任务的目标是对计算机进行除尘操作，让计算机始终在最佳状态下高速运行。

////////// 任务分析 //////////

为计算机除尘首先需要准备合适的工具，然后打开机箱，依次拔出机箱内的各个部件并对其进行除尘操作，之后依次将各个部件安装到位并成功启动计算机。

任务实施

Step 1：准备除尘工具

为台式机清理灰尘时常用的工具（可选）有导热硅胶、皮老虎（又称皮撅子）、（十字）螺丝刀、宽头毛刷、细头毛刷、橡皮、胶带、备用螺丝及扎带等，如图 28-1 所示。

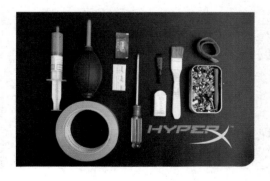

图 28-1　除尘工具

Step 2：拆卸部件并除尘

在拆卸机箱部件前，先用手机多角度拍摄机箱内部结构与各接口，这样在拆装过程中就不用担心配件装不回去或接线错误了，如图 28-2、图 28-3 所示。

图 28-2　机箱内部结构图

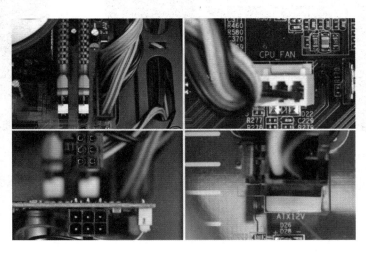

图 28-3　接口接线图

图 28-3 所示的接口分别是主板 24Pin 供电接口、CPU 风扇接口（CPU 风扇一定要插在 "CPUFAN" 的位置，不然开机时主板有可能会报错）、显卡 6Pin 供电接口（有的是 8Pin）、CPU 4Pin 或者 8Pin 供电接口。这些都属于重要的电源接口，拆线前一定要识记清楚，安装时不能少接线或接错线。

接下来依次将图 28-2 所示的机箱部件拆下，依次为显卡、散热器、主板、CPU、SSD 硬盘、SATA 数据线、内存条。

首先为主板清除灰尘。如果条件允许，则可以用强力吹风机吹一吹；如果条件不允许，则可以用刷子来清理各个插槽，边刷边用皮老虎吹干净。插槽是最容易进灰尘的，很多人清灰时没有清理插槽内部，从而导致重新安装硬件后无法开机。其实主板是可以水洗清洁的，用自来水就可以，但一定要晾干才能正常使用，不推荐新手使用这种清洁方法。

接下来对内存条上的灰尘及金属氧化物进行清理。在这里我们使用橡皮对内存条的金手指部位进行清理，如图 28-4 所示。金手指是与主板内存插槽连接的一排金黄色铜片，在清理时可以用橡皮反复擦拭，直到出现光亮的色泽，这样就清除干净氧化物了，从而使内存条与内存插槽之间保持良好的接触。由于本任务使用的是 HyperX 系类高速内存，存储颗粒上覆盖有散热片，因此无须对内存颗粒进行清洁。如果是普通的内存条，那么在清理存储颗粒时要注意力道，切勿损坏贴片电容组件。

CPU 的散热器是主机里灰尘最集中的区域，高手可以尝试拆掉风扇后水洗金属部分的散热器，清洗完毕依旧须记得晾干，或者使用电吹风机吹干。对于新手，建议使用传统的刷子和气吹除尘法,清理风扇叶片和散热器鳍片,如图28-5所示。这部分的清理工作建议移至室外,或者在室内戴上口罩进行。

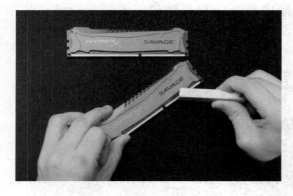

图28-4　清理金手指　　　　　　　　　　图28-5　清理CPU风扇

散热器是由多片铝片组成的具有特殊形状的金属物体,铝片是为了加大金属与空气接触的表面积。因此在清理过程中注意不要用力过猛导致铝片变形,影响散热效果,如图28-6所示。

SSD硬盘上的金手指如果有灰尘,也可以用橡皮进行清除。

毛刷在使用的过程中会不可避免地沾上灰尘。如果用沾满灰尘的毛刷清理其他配件,则会造成二次污染。所以在清理配件的过程中需要不断地为毛刷做灰尘清除工作,此时可以用胶带将毛刷上的灰尘清理掉,如图28-7所示。

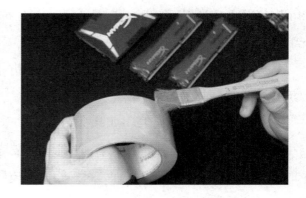

图28-6　清理散热器　　　　　　　　　　图28-7　使用胶带清理毛刷

Step 3: 安装配件并重启计算机

拆机一般比较简单,即使是新手,找到螺丝或卡扣一般也可以顺利完成。因此,除尘后的工作重点是重装机箱并顺利启动计算机。重装比拆卸难得多,其中最重要的是电源接线方面。如果不能独立完成电源接线,则可以凭着当初拍摄的照片进行安装。

- 24Pin为主板供电插头。
- SATA为设备供电插头,如HyperX Savage SSD的红色SATA接口。

- 6Pin 为显卡辅助供电插头。
- 4Pin 为软驱供电插头，基本不用，某些扩展板可以用。
- 4+4Pin 为 CPU 供电插头。
- 大四针电源，过去是 IDE 硬盘的供电插头，现在多为机箱风扇供电。

　　如果使用 Intel 系列的 CPU，则将其左下角的金色三角标志对应主板接口上的三角标志即可成功入位，之后涂抹硅脂并安装散热器即可。

　　通常建议在主板上先安装 CPU 和散热器，把主板用螺丝固定到机箱中，再安装电源，连接 CPU 主板供电，安装显卡、内存和 SSD，连接显卡、硬盘，如图 28-8 所示。

　　将各类线缆使用扎带进行固定，如图 28-9 所示。

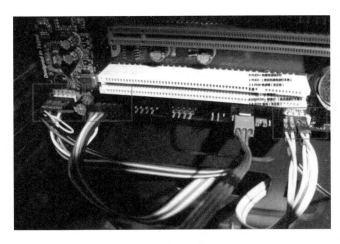
图 28-8　主板接线

图 28-9　固定线缆

　　最后将机箱盖板合上，启动计算机，整个除尘操作就全部完成了。

知识链接

金手指

　　内存条与内存插槽、显卡与显卡插槽等电脑硬件之间的所有信号都是通过金手指（Connecting Finger）进行传送的。金手指由众多金黄色的导电触片组成，因其表面镀金而且导电触片排列如手指，所以被称为"金手指"。金手指实际上是在覆铜板上通过电镀工艺覆上一层金。金的抗氧化性极强，可以保护内部电路不受腐蚀；导电性很强，不会造成信号损失，同时具有非常强的延展性，在适当的压力下可以让接触面积更大，从而降低接触电阻，提高信号传递效率。因为镀层厚度只有几十微米，所以极易磨损，在非必要情况下应当避免拔插带有金手指的元件以延长其使用寿命。

作业布置

一、填空题

1. 计算机各部件在长期使用中会 _____，严重的会影响计算机运行。

2. 在机箱内部，电源也会产生大量的静电，因此机箱必须 _____。

3. 金手指是指内存条与内存插槽之间、显卡与显卡插槽之间的触点，所有 _____ 都是通过金手指进行传送的。

4. 金的抗氧化性可以保护内部电路不受 _____，而且导电性也很强，不会造成信号损失。

5. 在打开机箱前，首先需要将手上的静电释放，最好的办法是 _____。

二、选择题

1. 下列哪些工具是在为计算机除尘时需要使用的？（   ）

   A. 导热硅胶、皮老虎（又称皮搋子）

   B. （十字）螺丝刀、宽头毛刷

   C. 细头毛刷、橡皮、胶带、备用螺丝及扎带

   D. 以上都是

2. 在下列拆卸并清理计算机部件时，哪些操作是不正确的？（   ）

   A. 在拆卸机箱部件前，先用手机多角度拍摄机箱内部结构与各接口，这样在拆装过程中就不担心配件装不回去或接线错误了

   B. 清除主板灰尘。如果条件允许，则可以用强力吹风机吹一吹灰尘；如果条件不允许，则可以用刷子清理各个插槽，边刷边吹干净

   C. 主板是不可以水洗清洁的，但是可以用酒精，这样水分挥发得快。不推荐新手使用这种清洁方法

   D. 清理内存条上的灰尘及金属氧化物，使用橡皮对内存条的金手指进行清理

3. 下列消除静电的方法中，正确的是（   ）。

   A. 洗手

   B. 触摸金属物体表面

   C. 摸墙壁

   D. 以上方法都可以

任务 29   笔记本电脑的除尘、保养、维护

随着科技的发展，便携式笔记本被越来越多的用户所喜爱。本任务的目标是完成对笔记本的除尘、维护、保养操作。

为笔记本除尘首先需要准备称手的工具，然后对笔记本进行开盖操作。由于笔记本多数配件是固定的，不方便拆卸，因此主要对散热系统进行除尘，之后将其安装到位并启动笔记本。

Step 1：准备除尘工具

与为台式机除尘一样，为笔记本除尘也需要一套除尘工具，主要有毛巾、毛刷或牙刷、小号螺丝刀、皮老虎（又称皮搋子），如图 29-1 所示。

图 29-1   除尘工具

Step 2：拆卸部件并清除灰尘

注意在拆机前先消除手上静电，拆除电池，以避免在拆机过程中产生静电或漏电，防止对笔记本带来不可逆转的伤害，如图 29-2 所示。

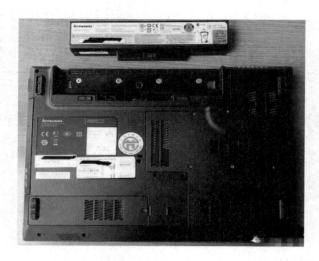

图 29-2　拆除电池

　　笔记本的拆机步骤要看具体的品牌与型号，本任务使用的笔记本品牌为联想，比较容易拆卸，只要拆去背面盖板就能看到硬盘、CPU 等主要配件。用螺丝刀去掉几个主要的螺丝，揭开盖板，拆下散热挡板，风扇和散热导管就都暴露了出来，无须拆卸键盘等部件，如图 29-3 所示。

　　接下来拆卸内存条和散热模块，只要拧下几个螺丝就可以完成。在拆卸散热模块时，一定要将风扇的电源线拔掉，如图 29-4 所示。

图 29-3　揭开盖板

图 29-4　拔掉风扇电源线

　　在拔掉风扇电源线后，就可以准备拆卸风扇了，如图 29-5 所示。

　　拧下风扇盖板上的 3 颗小螺丝，拆除风扇，如图 29-6 所示，之后就可以彻底清除散热鳞片上的灰尘了。由于使用年限比较长，散热导管与 CPU 连接处涂抹的散热硅脂已经固化，将散热导管和 CPU 粘在了一起，在拆卸的时候可能会费些力气，要慢慢地使它松动，千万不要用蛮力，以免造成不必要的损坏。

　　观察拆除的风扇的局部细节，可以发现垫圈和叶片上的灰尘较多，如图 29-7、图 29-8 所示。

图 29-5　风扇

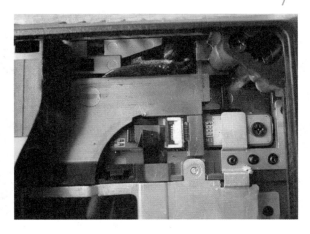

图 29-6　拆除风扇

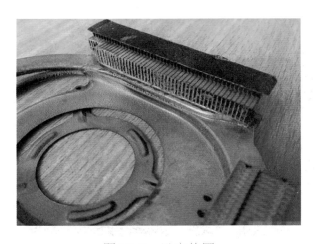

图 29-7　风扇垫圈

图 29-8　风扇叶片

　　使用牙刷顺时针清理风扇叶片，如图 29-9 所示。用皮老虎轻轻吹去边角散落的灰尘，如图 29-10 所示。如果风扇噪声大，则可以在风扇转轴处滴些机油，1～2 滴即可。

图 29-9　清理风扇叶片

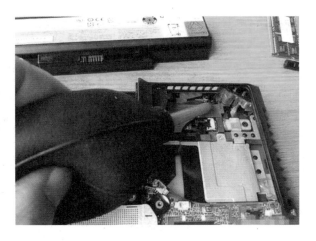

图 29-10　清除边角灰尘

　　用皮老虎和牙刷等工具为散热器进行除尘，如图 29-11、图 29-12 所示。

图 29-11　用皮老虎为散热器除尘

图 29-12　用牙刷为散热器除尘

　　清除散热导管及其与 CPU 连接处已经固化的硅脂，这样的硅脂已经没有任何辅助散热的功效了，甚至有可能影响散热。用螺丝刀轻轻地将散热片表面和芯片表面固化的硅脂清除，如图 29-13、图 29-14 所示。

图 29-13　清除散热片表面的硅脂

图 29-14　清除芯片表面的硅脂

　　除尘操作全部完成之后如图 29-15 所示，重新涂上导热硅脂。

　　最终效果如图 29-16 所示。至此，对笔记本散热系统的除尘与维护工作就全部完成了，随后就可以盖上盖板，拧上螺丝进行加固了。

图 29-15　除尘后的散热器

图 29-16　最终效果

知识链接

笔记本散热器

　　笔记本散热器是一款延长笔记本使用寿命的装置，目的是使笔记本产生的热量更快地扩散到外部，不影响笔记本的使用，避免线路出现腐蚀现象，以保证笔记本正常工作。

　　笔记本散热底座的散热方式主要有以下两种。

1. 单纯通过物理学上的导热原理实现散热

　　将塑料或金属制成的散热底座放在笔记本的底部，抬高笔记本以促进空气流通和散热。

2. 在散热底座上安装若干个散热风扇来提高散热性能

　　风冷散热方式包括吸风和吹风两种。两种形式的差别在于气流形式，吹风时产生的是紊流，属于主动散热，风压大但容易受到阻力，就像夏天用的电风扇；吸风时产生的是层流，属于被动散热，风压小但气流稳定，就像机箱风扇。从理论上说，在开放环境中，紊流的换热效率比层流大，但是笔记本底部和散热底座组成了一个封闭空间，所以一般的吸风散热方式更符合风流设计规范。市场上的散热底座多数是有内置吸风式风扇的。

作业布置

一、填空题

　　1. 在对笔记本进行除尘时，由于笔记本多数配件是固定的，不方便拆卸，因此主要对_____进行除尘。

　　2. 拆机前先消除手上_____，拆除电池，以避免在拆机过程中产生静电、漏电等，防止对笔记本带来不可逆转的伤害。

　　3. 用皮老虎及_____工具为散热器进行除尘。

　　4. 散热导管和CPU连接处需要涂抹_____硅脂。

　　5. 为了更好地给笔记本散热，可以为笔记本配置外部的笔记本_____。

二、选择题

1. 为笔记本除尘需要一套工具,主要工具有 (   )。

    A. 毛巾、毛刷或牙刷   B. 小号螺丝刀

    C. 皮老虎   D. 以上都是

2. 在为散热器除尘时,可以使用以下哪些工具? (   )

    A. 小吹风机   B. 牙刷   C. 皮老虎   D. 以上都可以

3. 关于笔记本外部散热器,以下描述不正确的是 (   )。

    A. 笔记本散热器是一款延长笔记本使用寿命的装置

    B. 不影响笔记本的使用功能,但容易使线路出现腐蚀现象,从而使笔记本无法正常工作

    C. 笔记本散热底座的散热方式主要有两种,一种是单纯通过物理学上的导热原理实现散热功能,另一种是在散热底座上面安装若干个散热风扇来提高散热性能

    D. 在散热底座上安装若干个散热风扇来提高散热性能,这种方式包括吸风和吹风两种